NA NUVEM
A AMAZÔNIA VISTA NO FUTURO

Editora Appris Ltda.
1.ª Edição - Copyright© 2023 dos autores
Direitos de Edição Reservados à Editora Appris Ltda.

Nenhuma parte desta obra poderá ser utilizada indevidamente, sem estar de acordo com a Lei nº 9.610/98. Se incorreções forem encontradas, serão de exclusiva responsabilidade de seus organizadores. Foi realizado o Depósito Legal na Fundação Biblioteca Nacional, de acordo com as Leis n°s 10.994, de 14/12/2004, e 12.192, de 14/01/2010.

Catalogação na Fonte
Elaborado por: Josefina A. S. Guedes
Bibliotecária CRB 9/870

S168n
2023
	Salla, Diones Assis
	   Na nuvem : a Amazônia vista no futuro / Diones Assis Salla. –
	1. ed. – Curitiba : Appris, 2023.
	   142 p. ; 21 cm.
	
	   ISBN 978-65-250-4880-2
	
	   1. Amazônia – Previsão. 2. Chuvas. 3. Florestas Tropicais.
	4. Biomas - Amazônia. I. Título.
	
	                                                                                                             CDD – 577

Livro de acordo com a normalização técnica da ABNT

Appris *editora*

Editora e Livraria Appris Ltda.
Av. Manoel Ribas, 2265 – Mercês
Curitiba/PR – CEP: 80810-002
Tel. (41) 3156 - 4731
www.editoraappris.com.br

Printed in Brazil
Impresso no Brasil

Diones Assis Salla

NA NUVEM

A AMAZÔNIA VISTA NO FUTURO

FICHA TÉCNICA

EDITORIAL	Augusto Vidal de Andrade Coelho
	Sara C. de Andrade Coelho
COMITÊ EDITORIAL	Marli Caetano
	Andréa Barbosa Gouveia (UFPR)
	Jacques de Lima Ferreira (UP)
	Marilda Aparecida Behrens (PUCPR)
	Ana El Achkar (UNIVERSO/RJ)
	Conrado Moreira Mendes (PUC-MG)
	Eliete Correia dos Santos (UEPB)
	Fabiano Santos (UERJ/IESP)
	Francinete Fernandes de Sousa (UEPB)
	Francisco Carlos Duarte (PUCPR)
	Francisco de Assis (Fiam-Faam, SP, Brasil)
	Juliana Reichert Assunção Tonelli (UEL)
	Maria Aparecida Barbosa (USP)
	Maria Helena Zamora (PUC-Rio)
	Maria Margarida de Andrade (Umack)
	Roque Ismael da Costa Güllich (UFFS)
	Toni Reis (UFPR)
	Valdomiro de Oliveira (UFPR)
	Valério Brusamolin (IFPR)
SUPERVISOR DA PRODUÇÃO	Renata Cristina Lopes Miccelli
ASSESSORIA E PRODUÇÃO EDITORIAL	Bruna Holmen
REVISÃO	Samuel do Prado Donato
DIAGRAMAÇÃO	Bruno Ferreira Nascimento
CAPA	Lívia Costa

Assumo conscientemente a possibilidade desta obra ser considerada anticientífica, de não receber a devida atenção, de não ser compreendida, inclusive pelo academicismo, podendo, inclusive, ser ridicularizada por ele, uma vez que os resultados alcançados só poderão ser replicados ou reproduzidos no seu devido tempo: no futuro. As informações aqui contidas serão, provavelmente, pouco compreensíveis nos dias atuais, em parte devido à ausência da visão unitária, própria do método de estudo fragmentado praticado pelas escolas deste tempo, que promove a perda da consciência global e o afastamento da realidade em toda a sua plenitude.

O saber deste tempo em que vivemos continua sendo tratado de modo fragmentado, repartido do todo, dividido em tarefas estanques e em atos isolados. O modo mais produtivo de pensar, de conceber sistemicamente e de interconectar os saberes para uma visão de unidade estão, neste momento, fora do planejamento pedagógico e do alcance da educação escolar. Dito de outro modo, a escola não ensina perceber ou conceber as coisas como unidade, de modo sistêmico, o todo instantâneo, a informação interconectada, aprendida em bloco, de uma única vez, em sua total inteireza. Mas é possível progredir aos poucos, observando as diferentes faces, ângulos e lados de um objeto ou de uma ação: o multifacetado. Ou seja, começando pela condição de pluralidade que uma determinada coisa possui, evoluindo a uma expressão instantânea do todo.

A ciência é, sem dúvida, a maior criação humana dos últimos 4 séculos. Inicia-se a partir do século XVI, com René Descartes, 1596-1650, filósofo francês que tratava a realidade a partir de um modelo de máquina, a exemplo do Big Ben na Inglaterra, recebendo na época a denominação de Revolução Científica. Desde então, a Ciência tem aumentado, dia a dia, sua credibilidade junto à sociedade em geral por sua capacidade de desenvolver tecnologias a serviço da humanidade, seja dando celeridade a suas ações, diminuindo esforços e custos, aumentando a expectativa de vida, enfrentando obstáculos e nos protegendo das mais diversas inabilidades.

Descartes, em seu "Discurso sobre o método", declara a sua decepção com a tradição escolástica, cujos conteúdos considerava confusos, obscuros e nada práticos. O método cartesiano consiste em duvidar de cada ideia que não seja clara e distinta, ou seja, só se pode dizer que existe aquilo que pode ser provado, sendo o ato de duvidar indubitável. Sua fundamentação está assentada na verificação, na análise, na sistematização, a fim de manter a ordem do pensamento e na replicabilidade exaustiva, de modo a dar credibilidade aos achados. A tecnologia, produto desses cuidados científicos, é uma ferramenta capaz de tornar possível o alcance de propósitos que seriam impensáveis ou improváveis em outros tempos, inclusive os de solucionar muitas inquietações humanas.

A ciência tem recebido grande visibilidade e respeito nos dias atuais, principalmente neste momento de enfrentamento à pandemia causada pelo coronavírus, uma ameaça mundial advinda de um organismo ainda desconhecido. Sua reputação está assentada na investigação permanente e na replicabilidade sem descanso, sem desvios, tantas vezes quantas forem necessárias para validar os achados científicos e sem se submeter a vaidades humanas e a organizações políticas oportunistas. Ou seja, suas descobertas são o resultado de experimentações, de verificações e testagem de hipóteses em laboratório de modo exaustivo, separando assim a verdade da ficção, enfatizando a racionalidade, negando a subjetividade. No entanto, ao negar a subjetividade, ou seja, ao considerar que fatos subjetivos são menos reais do que os fatos objetivos, materiais, a ciência também se revela dogmática.

É preciso levar em conta, também, que um fato, para se tornar científico, não precisa, necessariamente, ser provado, basta apenas não poder refutá-lo. Essa concepção vai ficando cada vez mais clara à medida que o pesquisador adota procedimentos metodológicos no sentido de negar a afirmação da hipótese levantada no experimento. Assim, não sendo possível refutá-la, torna-se uma verdade provisória, jamais definitiva ou absoluta. Qualquer descoberta ou qualquer verdade sempre estará numa condição de eterna provisoriedade. Por isso, é preciso muito cuidado quando se quer transmitir determinados resultados, utilizando o argumento de ter sido pesquisado cientificamente. A sociedade em geral aceita esse argumento muito facilmente, como algo seguro e definitivo.

A mesma credibilidade conquistada pelo método científico, no entanto, foi capaz de seduzir o processo educacional que é praticado em boa parte do mundo. Para explicar, é preciso retroceder a René Descartes, que foi o primeiro arquiteto da visão do mundo como relógio. Uma visão mecanicista que ainda domina o processo educacional. Descartes queria saber como o mundo funcionava sem a ajuda do Papa, pois para ele, o mundo era só uma máquina. Sendo assim, é possível desmontá-la e reduzi-la a um monte de peças fáceis de examinar e de entender, pensando que a partir daí seria possível entender o todo. Se você examinar, isoladamente, o raio de uma roda de bicicleta, sem conhecer a própria bicicleta, não vai encontrar nele a ideia de movimento. A educação é muito mais do que a soma das peças. É saber o que fazer com a emergência do fenômeno, com a ideia do movimento que se revela. Descartes ficou fascinado pela máquina do relógio, que expressou o seguinte: "vejo o corpo como nada mais que uma máquina. Um homem saudável é um relógio bem-feito, e um doente, um relógio malfeito". E funciona tão bem que os educadores passaram a acreditar no processo. Isto tomou conta de tudo, inclusive do que fazemos até hoje, quatro séculos depois.

    A primeira fragmentação do processo educacional começa com a ideia dos três pilares que lhe dão sustentação: ensino, pesquisa e extensão. Embora haja uma clara inseparabilidade entre as três dimensões, somos educados para examinar os fragmentos e não a unidade. Para fortalecer o processo mecanicista, as universidades e os institutos federais criam pró-reitorias, com hífen, dando assim autonomia aos fragmentos ensino, pesquisa e extensão. Para fortalecer ainda mais o modo de pensar, criam-se regimentos e normatizações para que sejam tratadas separadamente. À essa altura, os horizontes da unidade começam a sair do alcance, dando lugar à palavra desenvolvimento, cujo prefixo "des" contraria o que vem na sequência: o envolvimento. Ou seja, somos condicionados a analisar as partes, separadamente, sem envolver uma com a outra.

Educação é o pleno envolvimento e não o desenvolvimento. Uma das primeiras dicas que se recebe de orientadores em Trabalho de Conclusão do Curso – TCC, ou de qualquer curso de pós-graduação é a de delimitar a pesquisa. Ou seja, analisar o fragmento, a peça, separá-la do contexto, abstraí-la de qualquer conexão. Educação é unidade, é esfera que se conecta e se envolve em todo o seu entorno, por isso não pode ser confundida com o método científico utilizado para pesquisar. Já é tempo de acordar! Esse jeito de caminhar já vai longe demais! É preciso abrir as portas e as janelas do Ministério da Educação e Cultura – MEC, onde estão praticamente a metade dos servidores públicos federais do Brasil, para que se debrucem nas janelas, olhem para o horizonte e se deixem invadir pelo frescor da realidade, pois não se pode simplesmente confundi-la com o modo como ela nos é explicada nos tratados, mofados, há séculos.

Penso ser, no ritmo atual dos acontecimentos, razoável que o despertar da humanidade para as ações aqui propostas não se realizem antes de dois séculos, a não ser que uma consciência imparcial, apoiada por uma inteligência artificial, consiga fazer uma leitura do alcance e das repercussões que se sucedem. A quase totalidade do que escrevo aqui, não sei explicar totalmente. Sigo os insights de quem esteve *in loco*, munido de um cérebro não apropriado e que não se desenvolveu para traduzir evoluções de um tempo futuro. Assim, tenho plena consciência de que este relato talvez não seja lido por muitos. Também não será uma obra popular e muito menos trará dividendos para quem a escreve. De todo modo, a meta é documentar, pois estes conteúdos poderão, algum dia, alavancar pesquisas nessa direção e com isso antecipar ocorrências capazes de proporcionar benefícios à humanidade e ao planeta. Não ter medo de ser ridicularizado teve também sua importância na decisão de seguir adiante com estes relatos, que mais cedo ou mais tarde se tornarão uma realidade para as gerações do seu tempo.

Assim que os meios tecnológicos forem capazes de acessar e de interconectar todas as informações já disponíveis, ordenando-as a uma visão de conjunto e de unidade, será possível subtrair boa parte do tempo necessário para visualizar com antecedência um futuro que se avizinha. Ou seja, será necessário construir buracos de minhoca no cérebro humano, sem precisar percorrer o longo caminho através da superfície de suas dobras para acessar o que está logo ao lado. Do contrário, diante da complexidade e da passividade, levará, como já foi dito, pelo menos dois séculos para que o acontecimento possa esboçar algum sentido, podendo assim estabelecer interconexões, levantar suspeitas e dar visibilidade a um futuro que já pode ser acessado, não sendo mais prudente negar ou adiar a possibilidade.

Não espero, nem tampouco desejo, qualquer benefício pessoal advindo deste trabalho. As informações acessadas são de um tempo que já está em construção, uma realidade que já está sendo vivida, uma dimensão que se tornará presente ao seu devido tempo, da qual não faço parte fisicamente, apenas pude acessá-la lucidamente por meio da projeção de precognição. Esses acessos subjetivos são também conhecidos como percepção extrassensorial ou conhecimento antecipado de fatos futuros, infelizmente negados pela esmagadora maioria dos cérebros humanos deste tempo.

Nasci, assim como meus irmãos, no interior do Rio Grande do Sul, em um distrito chamado de Linha Treze ou Alvorada, atualmente município de Nova Alvorada – um ambiente rural onde fomos educados por um casal que nos deu proteção, liberdade e inspiração. Entre os melhores momentos de minha infância estão os de deitar no assoalho de madeira da sala de nossa casa para olhar o céu, apreciar o movimento das nuvens e relatar as imagens à minha mãe que se dedicava à costura. Devo ter ocupado muito os espaços do cérebro no arquivo dessas imagens, sem saber que um dia elas se tornariam úteis. O desejo de viajar à noite pelos interiores do Acre, Brasil, de preferência nas madrugadas, em lugares isolados, de pouco movimento, me acompanha até hoje. Olhar para o Céu parece estar mesmo em minha programação existencial. Pratico este hábito como uma necessidade, mesmo sem saber o porquê.

O hábito de olhar para as nuvens durante o dia e para o céu durante a noite, por longos períodos, fez com que um padrão de observação automatizado se estabelecesse, o que não deixa de ser um referencial importante para perceber quando algo diferente se apresenta. Vez por outra, tenho observado, durante o dia, um padrão de nuvens estranhas no céu da Amazônia Ocidental, estado do Acre, Brasil, as quais ainda não foram citadas em registros científicos. Parece que pequenos bolsões de ar quente fazem a ascensão da umidade de modo muito rápido, formando nuvens estreitas, alongadas e mais altas do que o normal, proporcionando chuvas intensas e de curta duração em áreas limitadas. O modo de espalhamento dessas nuvens na parte superior também apresenta um padrão diferente. Seriam mudanças proporcionadas pelo aquecimento global?

Para permitir que o leitor-pesquisador fique inteiramente sintonizado com que se pretende com estes relatos, descrevo onde tudo começa: há alguns anos, não muito distantes, 15 ou 20 talvez, pude vivenciar em estado alterado de consciência, fora do estado de vigília física e inteiramente lúcido, a mais inquietante das experiências entre as muitas que já vivi. Seria uma irresponsabilidade, irreparável, deixar de registrá-la, pois trata-se de momento no futuro onde a humanidade vivenciará uma alteração significativa do planeta terra. Compreendi, no decorrer do tempo, que não haveria lugar melhor para despertar interesses e mobilizar esforços no sentido de compreender o que aconteceu nos tempos atuais para reproduzir, no futuro, àquela realidade localizada na parte ocidental da Amazônia, entre a linha do Equador e o Trópico de Capricórnio. Uma realidade que já está em construção, a caminho.

Tudo começa em um momento de repouso, depois de uma mobilização energética e de uma sinalização ao universo de minha total disponibilidade assistencial, humanitária. Despertei em um lugar desconhecido, cercado por um grande lago e com algumas pequenas elevações de terra seca até onde era possível visualizar. Havia muitas pessoas no local, bem vestidas, e todas com vestimentas em tonalidades grafite. Pude deduzir que o clima do local seria um pouco mais frio do que é hoje, nesse caso, no Acre. Pude constatar, também, que os transeuntes daquele local pertenciam a duas dimensões, sendo que os que estavam vivendo naquele tempo, fisicamente, não percebiam minha presença. No entanto, os que já haviam passado pela morte física percebiam minha presença no local, esboçando uma certa admiração, pois meu tamanho não passava do de uma criança de 3 anos. Foi fácil perceber que meu corpo era minúsculo, fato que ainda não consigo compreender, pois, ao passar pelas pessoas que ali estavam, eu precisava olhar para cima e eles, para me enxergarem, olhavam para baixo.

Mantive-me calmo para examinar o local e para não perder a concentração, pois ao contrário, alguma repercussão poderia me arrastar de volta a minha realidade física. Precisava saber em que tempo e em que local eu estava e controlar a ansiedade. Circulei lentamente em movimentos bem cuidados até encontrar uma espécie de tenda, não de lona, mas de uma espécie de conchas ou algo parecido. As paredes internas serviam como painéis, onde havia várias informações expostas em cartazes. Um deles, no entanto, em destaque, localizado no centro dos demais, envelhecido pelo tempo, embora bem preservado, trazia a seguinte informação: "Acre 500 anos". Compreendi imediatamente que aquela informação, em destaque, em papel envelhecido, representava a resposta que precisava. Logo me dei conta que estava no estado do Acre, em um tempo no futuro. Saí imediatamente do local e minha primeira preocupação foi verificar como estava o sol e ver se havia sofrido alguma alteração. Por sua localização, era mais ou menos meia tarde e, ao observá-lo, não percebi nenhuma diferença em sua luminosidade e tamanho, quando comparado ao dos dias atuais.

Totalmente consciente, calmo, e sem perder tempo diante daquela oportunidade única, sabedor das interferências extrafísicas efêmeras, procurei perscrutar tudo que podia naquele ambiente. A primeira preocupação foi, portanto, a de olhar para o sol, que pareceu continuar o mesmo, nada diferente do que é hoje. Constatei, também, como já comentado, que as pessoas que viviam naquele tempo não percebiam minha presença no ambiente, sendo percebido somente pelos que ali estavam não-fisicamente, como eu. O olhar para baixo em minha direção, esboçando certa curiosidade desses seres, presumi ser da altura de uma criança de três anos. Para a condição de estar nesse ambiente em corpo energético de tamanho tão reduzido, ainda não encontro respostas e, se tenho alguns insights sobre isso, ainda não consigo estabelecer uma conexão com o propósito deste relato. Essa constatação é fruto de outras experiências, vivenciadas em dimensões cuja vibração é diferente da vida física, tida como única por muitos, uma realidade que infelizmente atrai pouco interesse da humanidade.

O ambiente era uma espécie de calçadão, em cujas margens havia muita água e com pessoas passeando em uma tarde qualquer. Comecei, lá mesmo, a questionar sobre o porquê de tanta água e, o mais importante, não parecia ser salgada. Até onde podia ser visto, havia muitos corpos d'água, com algumas pequenas elevações de terras não submersas. Qual seria a finalidade de existir tanta água acumulada no Acre, nesta parte da Amazônia, nesse tempo futuro? Examinei a roupa dos passeantes do calçadão e pude perceber que o clima não poderia ser tão quente quanto o que é hoje na região amazônica. Todos usavam roupas para um clima levemente frio, estimei se tratar de uma temperatura entre 17 ou 18 graus centígrados, embora não pudesse senti-la. As pessoas estavam bem vestidas, usando calças, blusa e casacos leves, todos em uma tonalidade grafite, com variações somente nesse tom. Duas perguntas inquietantes: por que tanta água e por que um clima mais frio se os dados de pesquisas atuais apresentam uma tendência de aquecimento do planeta?

Depois de retornar à realidade física e rememorar, foi fácil calcular que para o estado do Acre chegar aos 500 anos estariam faltando em torno de 360 anos, estimando que o nome Acre tenha surgido entre 1890 e 1904, e que a vivência ocorreu há aproximadamente 17 anos. Compreendi instantaneamente que o propósito daquela informação colocada ali em destaque, centralizada entre outras, era mostrar um momento no tempo futuro, um referencial de acontecimentos, uma realidade inimaginável, ainda distante das pautas mundiais sobre mudanças climáticas. Um sinal de que a humanidade pode estar caminhando às escuras e deixando uma herança de reparos às gerações futuras sobre o clima que havia sido alterado. Diante de uma realidade inusitada e impensada, significava também um ponto de partida e uma oportunidade imprescindível para pesquisar, usando como metodologia desdobramentos de engenharia reversa, para recuar no tempo até os dias atuais e compreender, ao mesmo tempo, o que nos levou a estes dias futuros.

Toda vez que sou orientado por alguém que ainda desconheço, em dimensões que permitem, por instantes, vibrar de modo simultâneo todos os momentos do tempo, seja o presente, o passado ou o futuro, amplia-se em mim a necessidade de reperspectivar metas, valores e tudo mais. Permaneço plenamente consciente quanto às limitações e também às vantagens em não precisar transportar comigo o corpo físico durante esses experimentos, o qual permanece em repouso no quarto de dormir, sob o comando e a proteção apenas do Sistema Nervoso Autônomo. Aliás, penso que ele foi constituído para permitir que a humanidade se aventure pelo universo, livre das limitações físicas.

Sobre o aquecimento global, não há mais dúvidas quanto à visualização das suas principais causas. No entanto, sabe-se ainda muito pouco sobre suas consequências. Os dados científicos, oriundos de pesquisas representativas, operacionalizadas cuidadosamente e de modo imparcial, apontam que o ar, a água e a superfície da terra estão cada vez mais quentes. Sabe-se também que as maiores emissões de carbono para a atmosfera, responsáveis pela retenção de calor, gerando o efeito estufa, são as atividades humanas do período pós-industrial, superando em muito as emissões ocasionadas por outras interferências, ou seja, pelos percentuais de carbono emitido por vulcões, por avanços do mar sobre suas margens ricas em depósitos orgânicos entre outros. E para dar suporte a essa mesma reflexão, é importante saber que as emissões de energia do sol em direção ao planeta terra, em um tempo de monitoramento considerado representativo, atestam serem sempre as mesmas, mantendo-se constantes.

Há um futuro pelo qual vale a pena lutar, mesmo que isso tudo seja considerado uma ciência marginal, mas não há nada que resolva tantas coisas, de uma só vez, do que investir nessa caminhada. Pergunto: a ciência convencional dará alguma importância a isso tudo? A resposta provavelmente é não, pois não há como comprovar e replicar o que está sendo dito, a não ser esperar que as proximidades desse tempo, no futuro, comecem a emitir sinais e indicativos. Fala-se tanto em Engenharia Reversa em Discos Voadores capturados, cujos resultados forneceram importantes impulsos de inovação tecnológica à humanidade. A diferença é que, no caso dos acidentes com Discos Voadores, tem-se o objeto físico à disposição. E, no caso do experimento aqui relatado, existe apenas o relato de uma constatação *in loco*, vivenciada e constatada individualmente, onde ações reparadoras estão sendo implementadas pelas gerações daquele tempo para mitigar ou corrigir ações equivocadas, inconscientes e inconsequentes da humanidade atual. A ciência, limitada pelo nível de discernimento e de acuidade, próprias de seu tempo, provavelmente se mostrará cética e até mesmo dogmática diante de proposições dessa natureza, o que é plenamente compreensível.

Como proceder diante de uma constatação, vivenciada em um instante do tempo, mas que se apresenta para mim como incontestável, inquestionável e irrefutável? A constatação de que, lá pelos anos de 2390, o estado do Acre, Brasil, Amazônia Ocidental, um território próximo a grandes nascentes de rios amazônicos se apresentará com tanta água represada? Minha caminhada solitária para desconstruir, por meio de exercícios de insights reversos, foi muito mais difícil do que os procedimentos de engenharia reversa em objetos físicos, que também são complexos diante de tecnologias avançadas. Penso que o fator dificultador para viagens em dimensões extemporâneas, em tempo anterior ou posterior a este, capazes de fornecer o passado ou o futuro das ações atuais, demandam um cérebro cada vez mais descondicionado fisicamente. Um modelo mental que permita conceber o passado e o futuro no presente.

O derretimento das geleiras, devido à tendência de aquecimento do planeta, foram as deduções mais lógicas para iniciar a investigação. Depois de alguns cálculos de contabilidade lógica, foi possível constatar que o volume de gelo acumulado, seja nas grandes elevações do planeta, seja nos polos, não seria suficiente para atingir a altitude média do território acreano, que é de aproximadamente 160m do nível do mar. E para atingir essa altitude, na parte mais ocidental da Amazônia, teria que alagar uma grande extensão de florestas tropicais, aproximadamente 5.000 km que separam o estado do Acre do Oceano Atlântico. Sem contar que à medida que a água fosse sendo represada na direção da Amazônia Ocidental, os transbordamentos ocorreriam simultaneamente em todas as extensas margens do Oceano Atlântico, o que demandaria um volume de água quase que incalculável para preencher planícies localizadas em suas múltiplas direções.

As conclusões do parágrafo anterior, relativas ao derretimento de geleiras, não serão totalmente descartadas, mantenho-as em stand-by diante da possibilidade de surgimento de novos fatos. Essa possibilidade, ainda que relativa, não pode ser esgotada, senão vejamos: toma-se como exemplo fictício, um aumento do nível das águas do Oceano Atlântico em dois metros e tentaremos inferir algumas ocorrências a partir dessa hipótese. Imaginemos, agora, a chegada das águas do Rio Amazonas ao mar, frente a esse corpo d'água mais elevado. Evidentemente que haveria um represamento do Rio Amazonas e, por consequência, um transbordamento de suas margens. A velocidade de suas águas rumo ao Oceano Atlântico seria provavelmente reduzida, devido a menor diferença entre as cotas. Até onde iriam os alagamentos pelo interior da Amazônia? Além do mais, as espécies florestais amazônicas resistiriam às novas áreas alagadas, que se tornaram permanentes?

Sabe-se também que quando dois corpos de água se encontram, a exemplo das águas do Oceano Atlântico com as águas do Rio Amazonas, ambos com níveis diferentes de salinidade, as forças da natureza vão tentar igualar a concentração de sal. Partindo do princípio de que os íons de sal fluirão do meio de maior concentração para o meio de menor concentração, o novo desnível causado pelo aumento do oceano ajudaria acelerar o fluxo da água salgada em direção ao interior do Rio Amazonas, aumentando a presença de água salobra no interior do continente. As espécies florestais amazônicas resistiriam ao aumento da concentração de sal? E os mangues, verdadeiros berçários marinhos que abrigam muitos organismos aquáticos, a exemplo da desova de peixes e crustáceos, ambiente seguro contra predadores, também teriam que mudar de lugar, deslocando-se mais para o interior do continente amazônico?

De todo modo, a constatação mais importante que depõe contra a possibilidade do alagamento das terras acreanas e de outras regiões localizadas no Sudoeste da Amazônia, ser uma consequência da elevação do Oceano Atlântico é o fato de intuir, no momento da vivência, que aquela água não era salgada e que o represamento poderia ter sido construído. Dimensões extrafísicas mais evoluídas, ou não, capazes de revelar instantes no tempo, seja ele do presente, do passado ou de um que ainda está por vir, podem ser acessadas nos despindo de qualquer estrutura física, a exemplo do corpo físico e das limitações dos seus 5 sentidos. As informações nessas dimensões podem ser compreendidas de modo automático, instantâneo, tudo de uma só vez, necessitando apenas de desejo e de intencionalidades sadias. Por outro lado, acessar locais distantes no universo físico, no atual nível tecnológico, diferentemente da condição anterior, ou seja, tendo que depender de veículos físicos, demandam gastos energéticos impraticáveis e de difícil realização em nossos dias.

Cursando Engenharia Agronômica na Universidade Federal de Pelotas – UFPEL, Rio Grande do Sul, Brasil, já nas disciplinas profissionais do curso, prestei vestibular para o Curso de Meteorologia na mesma universidade, no ano de sua implantação, onde me tornei aluno da primeira turma. O desejo de ingressar nesse curso nada mais era do que o interesse pelas nuvens que me acompanha desde os tempos de criança. Depois de dois semestres concomitantes com o Curso de Engenharia Agronômica, com todas as dificuldades devido às coincidências de horários e tendo sido diplomado na primeira, precisei adiar a continuidade do Curso de Meteorologia devido às condições financeiras, pois já não era mais possível permanecer na Casa do Estudante. Foi um golpe duro ter que abandonar o curso. Mesmo assim, continuei estudando por conta própria.

Atuando na Amazônia por aproximadamente 30 anos em Extensão Rural, subindo e descendo igarapés e rios navegáveis, constatei o quanto a água é importante para os seus habitantes e principalmente para esse Bioma. No interior do estado do Acre, distante de aglomerações humanas, inexpressivas no contexto da imensidão verde, pode-se refletir sem as interferências dos turbilhões de pensamentos humanos gravitantes. Para quem não costuma vivenciar esses ambientes, se depara com estranhezas misturadas com inseguranças que se associam à acalmia e a um sossego íntimo, intraduzíveis. As noites são perturbadoras, desafiadoras e oportunizantes. Além dos barulhos da própria floresta, ouvem-se o bater dos cascos das canoas, umas nas outras, devido aos "rebojos", termo atribuído às ondulações da água nas margens dos rios ou igarapés onde os meios de transporte de seus habitantes estão estacionados. As primeiras frases que se ouvem pelas manhãs, ainda encolhido na rede de dormir, são: "tá vazando", "tá enchendo", referindo-se às alterações no nível do rio ou do igarapé durante a noite.

Na convivência com povos da floresta, é possível perceber uma nítida diferença entre o conceito de realidade atribuído por eles, e o conceito de realidade que se ensina e se aprende em sala de aula com alunos do ensino médio e/ou do superior. A realidade ensinada e aprendida nos meios acadêmicos não é necessariamente o que ela é, mas o que lhes foi transmitido. O conceito de realidade de quem vive nela, e a observa, é o modo como ela está sendo experimentada. Essa constatação pôde ser vivenciada também por mim ao final de uma tarde, ainda com o sol podendo ser avistado, que é o horário para o banho, pois ao anoitecer o risco de ser picado pelos mosquitos ou insetos transmissores de doenças aumenta consideravelmente. Foi em uma tarde dessas que encontrei um senhor, já de idade avançada, sentado às margens do rio, que prontamente me cumprimentou com muita simpatia. Disse-me nunca ter saído da floresta e de nunca ter visto uma cidade. Soube depois, no decorrer das conversas, que ele não conhecia nem mesmo um povoado e nem mesmo a energia elétrica. Imediatamente percebi que estava diante de saberes únicos e de referenciais não menos extraordinários.

 Antes de me colocar na condição de ouvinte, precisei atender suas curiosidades. Sentados à margem do rio, perguntou-me como era o mar, o lugar para onde estava indo toda aquela água. Perguntas dessa natureza não costumam ser formuladas nos meios acadêmicos. Respondi que era mais ou menos semelhante ao rio onde estávamos, mas que era tão largo que não poderíamos ver o outro lado da margem. E completei, enquanto ele se mantinha em silêncio, a água dele é salgada e não dá para beber. O silêncio continuou! Bem, pensei eu, temos tempo até para os silêncios aqui. Em seu questionamento seguinte percebi que ele continuava reflexivo quanto à imensidão do mar e que ainda não havia pensado sobre a água ser salgada e imprópria para beber. Depois de longo silêncio, perguntou: *esse mar nunca fica cheio?*

— Não! – disse eu. Admirado, completou: *é grande mesmo, né!?* — Acho que ele nunca fica cheio porque ele deve ter algum vazamento — disse eu em tom de brincadeira.

Falou-me que, na colocação onde morava, houve um tempo em que o igarapé havia secado, pois as chuvas demoraram muito para voltar, e se demorassem um pouco mais, segundo ele, todos os igarapés secariam. Tentei entender em que período foi esse, mas ele não parecia ser capaz de relacionar o acontecimento com determinados momentos de sua vida. Além de não saber sua idade, não parecia saber diferenciar um tempo que fosse diferente do atual. A noite chegou como um fleche! Nos despedimos, pois bem cedo, na manhã seguinte, provavelmente antes que eu acordasse, estaria retornando a sua colocação. Esse encontro foi às margens do Rio Juruá e a colocação onde residia aquele seringueiro, se é que devo chamá-lo assim, devia ser em algum daqueles igarapés afluentes nas imediações. O local onde estávamos era denominado Barracão, uma espécie de comércio responsável pelo aviamento de mercadorias às colocações daquele extenso seringal. As colocações, ou local de habitação dos seringueiros, eram interligadas ao barracão por meio de varadouros.

Durante meu retorno, que levava pelo menos 4 dias de batelão rio abaixo até chegar ao Município de Cruzeiro do Sul, Acre, Brasil, fui relembrando de tantas coisas ditas pelo seringueiro principalmente sobre a água. Hoje percebo que o que foi conversado naquele encontro, em curto espaço de tempo, poderia ocupar dezenas e dezenas de páginas. Só me dei conta alguns anos depois que aquela longa conversa só poderia ter ocorrido toda de uma vez, num pacote, em bloco. Já não tenho certeza se esse ser era igual a um de nós, sei apenas que existiu de verdade. Mais de trinta anos se passaram, nunca mais voltei ao local, embora guarde alguma lembrança de onde é. Descrevo esses acontecimentos de vivências físicas pela Amazônia, pois, embora não as compreenda ainda, sei que estão interconectadas com as vivências extrafísicas aqui relatadas. A floresta parece saber o que ainda não sabemos. A convivência com ela, o compartilhar de energias, favorecem o acesso a informações que estão arquivadas, fruto de vivências multisseculares ocorridas em outros tempos e em múltiplas dimensões.

Voltando aos acontecimentos que se relacionam com minha experiência lúcida, quando relato a realidade do estado do Acre, em um tempo futuro, o qual apresenta características muito diferentes das encontradas nos dias atuais, ou seja, em lugar de densas florestas, depósitos de água represada. Duas razões para não levar adiante a teoria do degelo: primeira, não haveria água o suficiente para atingir uma cota de elevação de 160m do nível do mar a uma distância de aproximadamente 5.000 km do Oceano Atlântico. E, a outra, embora não pudesse testá-la, a impressão que me acompanha é a de que aquela água não era salgada. A primeira constatação é totalmente verificável, uma vez que já existem estimativas bem aproximadas sobre os volumes de água congelada no planeta, demandando alguns poucos cálculos matemáticos. A segunda, um pouco mais complexa, só é possível constatar *in loco*, em um instante no tempo futuro concomitante ao tempo presente.

 Continuando com alguns relatos de vivências importantes relacionadas com a água, que podem ajudar na elucidação, no entendimento e na reconstrução do caminho de volta, ou seja, do que poderia ter levado aos acontecimentos que resultaram em depósitos de água doce, em lugar onde hoje existem florestas e áreas de pastagens para criação de gado bovino, acrescento mais uma ocorrência importante. Em uma das inúmeras viagens pelo rio Moa, rumo à Serra do Moa, um dos principais afluentes do Rio Juruá, também conhecida como Serra do Divisor, atualmente Parque Nacional da Serra do Divisor, município de Cruzeiro do Sul, extremo Oeste do estado do Acre, Brasil, fui tomado por um acontecimento importante relacionado com a água. Navegávamos durante a noite, numa área indígena pertencente ao grupo Nukenins, onde fui tomado por um medo incontrolável, que nunca havia se manifestado antes e que se ampliava cada vez mais à medida que o barco se deslocava naquelas águas límpidas no silêncio da madrugada. O medo que se apossou de mim, transformou-se na certeza de que a qualquer momento o Rio terminaria em um precipício. O timoneiro do barco, no entanto, tentava me alertar de que não havia nenhum sentido para preocupações. Houve um tempo, no passado, em que a humanidade acreditava que o planeta terra era plano e, sendo assim, faria sentido que um rio ou o mar em algum ponto pudesse terminar em um precipício.

 As imensidões silenciosas do interior da Amazônia parecem propícias para otimizar manifestações que estão dentro de nós, em algum lugar de memória esquecida. Por outro lado, a vida agitada do meio urbano parece nos afastar da compreensão da vida, das informações contidas nos silêncios, nos vazios e nas invisibilidades. Depois de pesquisar sobre o assunto, encontrei relatos de navegadores nos mares que também viveram momentos de medo e de pânico sobre a possibilidade de o mar terminar bruscamente em um precipício. Refleti, questionei, pois sabia ser impossível que algo assim acontecesse. Comentei com o timoneiro, conhecido pelo apelido de "Puro", responsável pelo controle dos motores da embarcação, o qual, achando graça, me incentivava a seguir em frente, enquanto eu conduzia o leme na proa.

Mandei reduzir a velocidade, uma, uma vez mais, outra vez mais e outra. *Não dá! Vamos parar*, disse eu! *Encoste o batelão na margem e vamos repousar aqui.* Amarramos o barco na margem e desconfiadamente usei a lanterna para ver se avistava algum precipício no entorno. Armei a rede, demorei para relaxar, adormeci. No dia seguinte, tomamos um café em silêncio, enquanto o cérebro não parava de me questionar. De todo modo, pude processar todo o episódio com a certeza de que aquele acontecimento não se manifestaria se não estivesse em mim. As viagens pelo universo, quase sempre acompanhadas por seres de outras dimensões, trazem a certeza de que a vida não começa no útero e muito menos termina no cemitério. Não há um começo e não há um fim.

Passei a analisar os períodos de chuvas e os períodos secos nessa parte ocidental da Amazônia, estado do Acre, Brasil, chegando à conclusão de que a água não tem origem nos continentes terrestres, suas realizações com eles são só de passagem. Toda água repousa nos mares, viajando para os continentes após se submeter a um processo de evaporação de suas superfícies, principalmente entre os Trópico de Câncer e o Trópico de Capricórnio. A evaporação se intensifica nas proximidades do Equador, também denominadas regiões de clima equatorial, ou de baixas latitudes, entre 10° N e 10° S, produzindo massas de ar úmidas que circulam na direção dos continentes. No caso da Amazônia, a água responsável pela manutenção de sua exuberância vegetativa tem origem na evaporação do Oceano Atlântico, principalmente na Zona Equatorial.

Trazido pela massa equatorial atlântica, vinda do Oceano Atlântico, o vapor d'água resfriado vai ocupando as zonas de baixa pressão do território amazônico onde se reabastece de calor, ao modo de um Pit Stop, subindo em certa verticalidade até atingir as zonas mais frias. Nestas alturas, ocorre a condensação da água, que é a passagem do seu estado de vapor para o líquido, formando assim nuvens, que nada mais são do que minúsculas partículas de água, no estado líquido, em suspensão. No interior das nuvens, consequência da mudança de estado físico da água, ocorre também a mudança do estado da energia, que passa do calor latente, aquele que conduziu o vapor até as zonas frias, para calor sensível, que é parte das descargas elétricas que ocorrem no interior das mesmas. À medida que as partículas de água em suspensão aumentam seu volume ou peso, inicia-se o retorno em forma de chuvas para molhar e manter a vida do Bioma Amazônico e de outros.

Após molhar a Floresta Amazônica, a água adquire mais um mecanismo para dar continuidade aos infinitos processos de retorno à atmosfera. Ou seja, soma-se à evaporação, a transpiração que é realizada pelos vegetais. Assim, alimentada pelos processos de transpiração das plantas, somados aos da evaporação das superfícies, intensificam-se os carregamentos de umidade da atmosfera. Estes se traduzem em mais chuvas locais e em mais massas úmidas se deslocando para o Centro Sul do Continente Americano para abastecer os milhares de reservatórios de água dessas regiões, que será utilizada para matar a sede, irrigar cultivos agropecuários, ativar hidroelétricas para a produção de energia, diminuir incêndios entre muitos outros.

Toda essa movimentação acontece na Troposfera, que é a porção da atmosfera que dá suporte à vida no planeta, denominado Biosfera. Essa, na Zona Equatorial do planeta, apresenta uma composição de vapor d'água em torno de 90%, além de grande volume de nuvens que são formadas de água em estado líquido. Em outras regiões atmosféricas, conectadas com as zonas industriais e de grandes aglomerados humanos, podem apresentar, diferentemente da Zona Equatorial, uma predominância na poluição do ar. A Biosfera, embora seja a última camada atingida pela radiação solar ao cruzar a atmosfera em direção à superfície da terra, recepciona a energia que será a responsável pelas atividades e fenômenos atmosféricos e suas leis, traduzidos como tempo meteorológico. O limite superior da Troposfera, denominado Tropopausa, apresenta uma temperatura de aproximadamente $-57°C$, resultado de um gradiente térmico vertical médio que diminui $6,4°C$ a cada quilômetro vertical de altitude, caminho percorrido pelo vapor de água, que tem seu início nos processos de transpiração vegetal e na evaporação de superfícies aquáticas e terrestres.

Não é possível contabilizar os benefícios dessas massas úmidas, geradas pela evaporação do Oceano Atlântico, que se deslocam de Leste para Oeste em direção à Amazônia e, que depois de bater nas paredes da Cordilheira dos Andes, mudam sua direção para o Sul do Continente Americano levando parte da água que não foi depositada nas zonas de baixa pressão da Amazônia Equatorial. Os detalhamentos dessa dinâmica não serão abordados aqui. O objetivo não é mostrar números, nem mesmo entrar em detalhes sobre as especificidades científicas responsáveis por esses deslocamentos. Esses acontecimentos são abordados genericamente, de modo que os leitores possam acompanhar sem se interromper nos detalhes, porque poderiam perder a continuidade lógica do raciocínio. O que se quer apresentar são os conceitos amplos capazes de melhorar a compreensão, o significado dos acontecimentos e, quem sabe, desanuviar os porquês de tanta água represada no estado do Acre, Brasil, em um futuro não tão distante. Esse encadeamento de ideias apresentado de modo mais genérico, menos detalhista, nem por isso menos científico, é uma maneira lúdica para envolver os leitores, uma vez que olhares diversos podem ajudar nas interpretações e nas conclusões que vão se suceder no tempo.

Observa-se, nas Figuras 1 e 2, abaixo, a existência de uma linha pontilhada representando a Zona de Convergência Intertropical, ZCIT, que apresenta movimentos durante os meses do ano. No mês de julho, pode-se observar que a mesma assume uma posição mais ao norte e no mês de janeiro, uma posição mais ao sul. Entre os vários significados que podem ser extraídos da linha pontilhada, em vermelho, ora em posição mais ao Norte ora em posição mais ao Sul, destaca-se um que pode ajudar os leitores na caminhada interpretativa: a linha pontilhada é um indicativo de onde poderá estar a zona de baixa pressão da região tropical no decorrer do ano e, por consequência, para onde estão se deslocando os ventos, em sentido descendente, vindos das zonas de alta pressão localizadas em ambos os lados da região sinalizada por ela. Essa movimentação é chamada de circulação atmosférica, o mesmo que deslocamento das massas de ar carregadas de umidade. Essa umidade, ao se depositar na zona de baixa pressão, indicada pela ZCIT, se abastece de calor e sobe verticalmente até atingir as zonas mais frias da atmosfera, condensando e formando as nuvens de chuva acima ou abaixo da faixa pontilhada conforme o período do ano.

Figura 1. Posição da linha tracejada em vermelho, denominada Zona de Convergência Intertropical – ZCIT, no mês de julho.

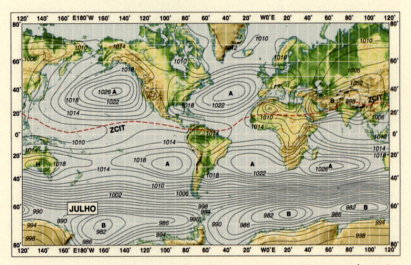

Fonte: CHRISTOPHERSON, Robert W. Geossistemas – Uma introdução à geografia física. 7ª edição. Bookman, 01/2012. Vital Book file. [Foto de Bobbé Christopherson.]

Figura 2. Posição da linha tracejada em vermelho, denominada Zona de Convergência Intertropical – ZCIT, no mês de janeiro.

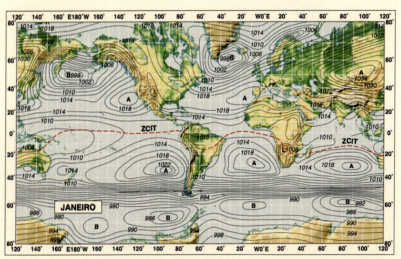

Fonte: CHRISTOPHERSON, Robert W. Geossistemas – Uma introdução à geografia física. 7ª edição. Bookman, 01/2012. Vital Book file. [Foto de Bobbé Christopherson.]

Os números representados nas figuras supracitadas, sobre círculos, atribuem valores à pressão atmosférica do local, medidos em milibares (**mb**) por instrumento denominado barômetro. A pressão média da Terra é de 1013mb. As letras A e B representam as zonas de alta e de baixa pressão atmosférica, respectivamente. Existem outras zonas de baixa (B) e de alta (A) pressão nas demais latitudes do planeta, no entanto, o foco principal dos relatos é a zona de baixa pressão, representada em linhas tracejadas em vermelho nas Figuras 1 e 2, onde convergem as massas carregadas de umidade, denominada de Zona de Convergência Intertropical – ZCIT. Localizam-se aqui os principais fenômenos que dão suporte e manutenção à

Floresta Tropical Úmida: a Amazônia. Todas as deduções que se seguem, capazes de dar sentido à presença de tanta água represada no estado do Acre, incluindo até mesmo a possibilidade de áreas territoriais da Amazônia boliviana, peruana e parte do estado de Rondônia, no Brasil, podem ter como parâmetro a ZCIT.

Em um pequeno esforço de observação das Figuras 1 e 2, mais especificamente em sua posição nos meses de julho e janeiro, é possível compreender que no mês de julho há um deslocamento da ZCIT para o norte, ou seja, posicionando a zona de baixa pressão para aquele hemisfério. Esse período se estende desde abril até setembro. Desse modo, para as regiões localizadas acima da linha do Equador, a exemplo do estado de Roraima, Brasil, para onde se deslocou a zona de baixa pressão representada pela ZCIT, coincide com o período chuvoso naquele Estado. Nesse posicionamento da ZCIT, por outro lado, ocorre uma suspensão das chuvas na Amazônia brasileira localizada no Hemisfério Sul. Nesse momento, o leitor deve estar se perguntando por que a ZCIT sinaliza uma região de baixa pressão e, por consequência, a possibilidade de chuva. A explicação mais simples que consigo formular é a seguinte: a linha tracejada em vermelho, representada nas Figuras 1 e 2, denominada de Zona de Convergência Intertropical, ZCIT, tende a sinalizar o trajeto percorrido pelo Sol no decorrer do ano, que vai do Trópico de Câncer, no Hemisfério Norte, na Latitude de aproximadamente $23^0 27"$ ao Trópico de Capricórnio, no Hemisfério Sul na Latitude de aproximadamente $23^0 27"$. O Sol atinge o Tropico de

Câncer no dia 20 de junho, e o Tropico de Capricórnio o dia 20 de dezembro. Aqui a resposta começa a ganhar contornos para um melhor entendimento. Ou seja, é por onde o Sol passa que os gases atmosféricos se aquecem mais. E ao se aquecerem, os gases se expandem e, ao se expandirem, geram zonas de baixa pressão, condição que atrai as massas carregadas de umidade. Por que então a Figura 1 mostra a ZCIT no mês de julho e não em 20 junho, data em que o Sol inicia seu retorno? Do mesmo modo que a pergunta anterior: por que a Figura 2 mostra o mês de janeiro e não 20 de dezembro? Evidentemente que, em ambos os casos, embora o Sol comece a mudar o sentido do seu deslocamento, o aquecimento continua avançando ainda alguns dias depois, por isso os meses logo em seguida, apresentados na Figuras 1 e 2, se tornam mais representativos.

No mês de janeiro, Figura 2, a linha pontilhada ZCIT se apresenta sobre o Trópico de Capricórnio, posicionando a zona de baixa pressão no Hemisfério Sul. O novo posicionamento da ZCIT proporciona a intensificação das chuvas na Amazônia brasileira localizada no Hemisfério supracitado. Esse período se inicia em outubro, tem sua intensificação em janeiro e se estende até abril. O importante é compreender, também, que a maior parte da movimentação da ZCIT ocorre no interior da Zona Equatorial, ora deslocando-se para o interior do Hemisfério Norte ora para o interior do Hemisfério Sul. Quando as massas úmidas, geradas pelos processos de evaporação, que ocorrem principalmente na Zona Equatorial do Oceano Atlântico, se deslocam para o Continente Amazônico em direção às zonas de baixa pressão localizadas no Hemisfério Norte, as chuvas se intensificam nesse mesmo território, pois a trajetória dessas massas carregadas de umidade segue naquela direção.

Por outro lado, quando as massas úmidas geradas pelo processo de evaporação da Zona Equatorial do Oceano Atlântico se deslocam para as zonas de baixa pressão, posicionadas na borda Sul da Zona Equatorial Amazônica, conforme linha pontilhada (ZCIT), nos meses de janeiro, Figura 2, começa o período chuvoso de grande intensidade nessas regiões. Uma parte dessa massa úmida, vinda do Oceano Atlântico, que não se deposita nas zonas de baixa pressão da borda Sul da Zona Equatorial Amazônica, segue seu rumo até se encontrar com as paredes da Cordilheira dos Andes, onde muda seu rumo em direção ao Sul do Continente Americano, banhando boa parte do Centro Oeste e Sudeste brasileiro. Nesse momento, no outro lado, tem-se o início do período seco no estado de Roraima, Brasil, por exemplo, que vai dos meses de outubro a março.

A partir do mês de abril, o movimento da linha tracejada (ZCIT) da Figura 1 começa a entrar na zona Equatorial do Hemisfério Norte, chegando ao ponto mais afastado da linha do Equador no mês de julho. Nesse momento, as massas úmidas vindas da região Equatorial do Oceano Atlântico tendem a banhar a Floresta Tropical acima da linha do Equador, dando início ao período chuvoso no estado de Roraima, que vai de abril a setembro, por exemplo. Todas essas explicações estão sendo dadas para que o leitor possa compreender onde estão as principais causas da falta de chuvas, entre os meses de abril e outubro na Amazônia do Hemisfério Sul, no Centro Oeste e no Sudeste brasileiro. É nesse período que ocorrem os incêndios no Pantanal, a redução no nível dos reservatórios para o abastecimento de água nas grandes cidades, a redução na produção de energia elétrica e redução da irrigação dos cultivos para a produção de alimentos. O encadeamento de todas essas ocorrências, vai permitir ao leitor-pesquisador, um pouco mais adiante, encontrar os primeiros fragmentos com algum sentido, ajudando-o a responder os porquês de tanta água represada no estado do Acre, no futuro.

As massas úmidas geradas no processo de evaporação do Oceano Atlântico, ao sobrevoar no sentido Leste-Oeste, em ambos os lados da faixa de baixa pressão da Zona Equatorial Amazônica, vão sendo atraídas por ela, onde é deixada boa parte do seu carregamento de umidade. Ao ser depositada na zona supracitada, a umidade é rapidamente reabastecida com a energia disponível na zona aquecida do continente, elevando-se para a atmosfera em estado de vapor d'água, conduzida pelo calor latente, até atingir as camadas mais frias e sofrer novamente a mudança para o estado líquido. Ou seja, ao se encontrar com as camadas mais frias da atmosfera, a água passa do estado de vapor ao estado líquido, novamente, formando as nuvens, devolvendo o calor latente ao interior das mesmas, o qual pode ser visto em parte como descargas elétricas, em parte como energia potencial e, na sequência, em energia cinética durante as precipitações. Para um entendimento menos científico, o que a água faz quando chega na Amazônia, vinda do Oceano Atlântico, é um *pit-stop* para se abastecer com energia calorífica e subir na vertical para em seguida condensar e retornar em forma de chuvas, abastecendo também os carregamentos de umidade que seguem em direção ao Continente Sul-americano. Foi assim que a Floresta Tropical Úmida da Amazônia se estabeleceu nesse local, devido principalmente à ocorrência de intensas precipitações.

As repercussões advindas da presença da Floresta Tropical Úmida da América do Sul, tornaram-se responsáveis por serviços imprescindíveis ao planeta, a exemplo da diversidade de espécies, da refrigeração e da redistribuição de chuvas ao Continente Sul-americano, especialmente ao Centro Oeste e ao Sudeste brasileiros. Quanto ao papel da Floresta Amazônica de conduzir a umidade para as regiões do Continente Sul-americano, é importante saber que esse processo não se realiza de modo contínuo. Entre os meses de outubro e abril, período de precipitações mais intensas, principalmente abaixo da linha do Equador, do Continente Americano, a umidade faz um *pit stop* na zona de baixa pressão equatorial da Floresta Amazônica, abastecendo-se de calor para evaporar, subir para a atmosfera, resfriar, condensar e retornar em forma de chuvas para a mesma região e/ou entorno. Entretanto, uma parte dessa umidade, que não é atraída pela zona de baixa pressão, segue seu percurso até encontrar as paredes dos Andes onde é obrigada a mudar a direção, deslocando-se rumo ao Continente Sul-americano, onde é depositada.

Acontece, como já foi exemplificado, que entre os meses de abril e outubro, ocorre um deslocamento da zona de baixa pressão, anteriormente localizada na zona

Equatorial do Hemisfério Sul, para a Zona Equatorial do Hemisfério Norte do Continente Americano. No intervalo entre abril e outubro, as massas úmidas, geradas pelos processos de evaporação, se deslocam para o Continente Amazônico em direção às zonas de baixa pressão deste, localizadas, agora, na Zona Equatorial do Hemisfério Norte. Sendo assim, as chuvas tendem a se intensificarem nesse mesmo território, acima da linha do Equador. Nesse período, as massas que seguem para o Sul do Continente Americano se deslocam com pouca ou quase sem nenhuma umidade, pois não há mais a presença da evaporação das superfícies, uma vez que as precipitações cessaram. E também não há mais a transpiração das plantas, pois elas fecham seus estômatos, deixam cair suas folhas, evitando com isso perder água, que a cada dia fica mais escassa à sua sobrevivência. Assim, sem a evaporação das superfícies secas e sem a transpiração da vegetação, não há carregamentos de umidade das massas que viajam rumo ao Sul do Continente Americano.

Tentando ser o menos científico possível, mas o necessário para manter a compreensão do leitor e também a coerência, é possível observar que as plantas da Floresta Amazônica ao sentirem a redução das precipitações e, por sua vez, da umidade do solo, começam a reduzir suas atividades fisiológicas de modo a economizar água. Para agravar ainda mais, os lençóis freáticos reduzem sua capacidade de reter água, ficando cada vez mais distante do alcance das raízes de muitas espécies, principalmente as que possuem sistemas radiculares superficiais. Essa comunicação se espalha pela floresta, que reage com o fechamento dos estômatos, principal mecanismo responsável pelas trocas gasosas com a atmosfera. Algumas espécies acionam outro mecanismo para preservar a água, abortando um percentual de suas folhas. É importante perceber aqui que um maior ou menor número de árvores não fará diferença significativa quando se trata de carregar umidade por intermédio das massas de ar que se deslocam para o Continente Sul-americano, uma vez que a floresta, pela necessidade de preservar a vida, suspende a transpiração durante o período seco. Em se tratando de Continente Sul-Americano, o ponto mais crítico são os meses de junho, julho e agosto.

Praticamente todos os vegetais, florestas ou não, em especial os que possuem vasos condutores, precisam de água para conduzir até às folhas os elementos químicos disponíveis no solo, onde são produzidos os compostos orgânicos por meio da fotossíntese. Numa expressão mais simples, o fenômeno da fotossíntese é, portanto, o principal responsável por unir os nutrientes do solo ao Dióxido de Carbono que é aspirado da atmosfera pelas folhas. Os nutrientes que são conduzidos até as folhas, por intermédio da água, são o Nitrogênio, o Fósforo, o Potássio, o Cálcio, o Magnésio, o Enxofre e outros micronutrientes. O resultado desse encontro é a formação das estruturas orgânicas, seja o açúcar, o amido, a celulose, os aminoácidos, as vitaminas e todos os alimentos que os humanos e demais seres vivos precisam para sobreviver.

Para continuar o entendimento sobre a dinâmica da água, é imprescindível fazer a seguinte pergunta: para onde vai a água depois de carregar os nutrientes até as folhas e produzir os alimentos orgânicos indispensáveis à sobrevivência do Reino Animal? Depois que a mesma completou sua caminhada pelo interior dos vasos condutores vegetais, podemos dizer que uma pequena parte dela será usada na produção das estruturas orgânicas e na manutenção dos processos bioquímicos da planta. A maior quantidade desta água, entretanto, é liberada pelos estômatos, que são pequenas aberturas, geralmente localizadas na parte debaixo da folha por onde os vegetais fazem as trocas gasosas, ou seja, por onde entra o Dióxido de Carbono fornecido pela atmosfera e por onde sai a água rumo à atmosfera.

Existem muitos exemplos dessas ocorrências que não são plenamente compreendidas, mas que, no entanto, são de extrema importância. Os experimentos que determinaram que um pé de café consome, aproximadamente, cento e trinta litros de água (130l) para cada kg de café produzido, e que um bovino para produzir um quilograma de carne (1 kg) consome algo em torno de dezesseis mil litros de água (16.000l), não podem ser vistos de modo isolado ou como algo prejudicial ao planeta, pois não significa dizer que os cento e trinta litros de água (130l), usados pela planta do café para produzir um quilograma (1 kg) de pó de café tenham sido extintos. Os cento e trinta litros de água (130l) que foram usados para transportar os nutrientes do solo até as partes verdes ou folhas para realização da fotossíntese, ou seja, onde serão produzidas as estruturas orgânicas mais conhecidas, são agora trocados com a atmosfera por meio das aberturas existentes na parte inferior das folhas: os estômatos. A vaca também não suprimiu dezesseis mil litros de água (16.000l) do planeta para cada quilograma de carne produzido. A quantidade de água existente no planeta continua sempre a mesma, independentemente do modo como ela é usada.

Para seguir a trajetória da água, passando pelo interior do pé-de-café, que foi a espécie utilizada no exemplo, observa-se que ao sair pelas aberturas localizadas na parte inferior das folhas, rumo à atmosfera, a água precisa passar do estado líquido para o gasoso. Esse processo demanda absorção de energia, onde cada grama de H_2O precisa absorver 584 calorias para que se efetive essa mudança. Esse calor absorvido, conhecido na Física como Calor Latente, é o combustível necessário para conduzir verticalmente o vapor d'água até atingir as paredes frias da atmosfera, momento em que condensa e volta ao estado líquido formando nuvens e retornando em forma de chuvas em vários lugares, muitas vezes, até mesmo na própria área de cultivo do café. Continuando no mesmo raciocínio, é muito provável que parte da água que conduziu os nutrientes do solo para o pé-de-café, seguindo sua trajetória até a atmosfera, tenha se incorporado às massas úmidas que seguem em direção ao continente Sul-americano para abastecer as represas, os açudes e para reduzir a possibilidade dos incêndios no Pantanal Mato-grossense.

Relatar essas ocorrências de um modo menos científico ajuda o investigador a fazer interconexões que, na maioria das vezes, não são visualizadas. Ajuda também a compreender por que a Amazônia é considerada o grande refrigerador do planeta. Quando a água entrega os nutrientes nas partes superiores das plantas, ela segue viagem para a atmosfera, passando pelas aberturas denominadas de estômatos. Ao sair da planta e subir para regiões altas da atmosfera, logo após ser transpirada, a água precisa passar por uma mudança de estado, do líquido para o gasoso, como já foi explicado. A energia utilizada para realizar essa mudança está na ordem de 584 calorias para cada grama de água convertida em vapor. O calor utilizado nesse processo, denominado de calor latente de vaporização, segue junto com o vapor d'água, refrigerando, portanto, o ambiente. Analisando o volume de chuvas, é possível imaginar o quanto de energia é retirado do ambiente das florestas por ocasião da transpiração. Por essa razão, a floresta é considerada um grande refrigerador planetário.

O mesmo processo de retirada de calor acontece com a evaporação das superfícies, que têm altos custos energéticos, semelhantes aos relatados no parágrafo anterior: aproximadamente 584 calorias para cada grama de água convertida para o estado de vapor. Tratando esse assunto com um pouco mais de detalhamento, e com uma pitadinha de cientificidade, algo que se aprende na escola já nos primeiros anos, sabe-se que a molécula de água é formada por dois hidrogênios e um oxigênio. Assim, para que essa mudança de estado aconteça, as pontes de hidrogênio da água, que mantêm as moléculas fortemente coesas, precisam ser rompidas. Por isso a alta demanda de energia para ocorrer a evaporação e a transpiração. Veja que isso começa a fazer sentido, uma vez que estamos tratando da Zona Equatorial da Amazônia, onde há uma grande incidência de energia solar, durante um período mais longo de qualquer outro lugar do planeta, fora da Zona Equatorial. O calor armazenado próximo da superfície do solo tem grande efeito na evaporação. Assim, unindo-se a transpiração das plantas com a evaporação das superfícies molhadas, tem-se o que chamamos de evapotranspiração. O calor retirado conjuntamente para a realização desses dois processos permitiu reconhecer a Floresta Amazônica como o grande refrigerador do planeta.

Para atuar na Amazônia, uma série de entendimentos se fazem necessários. Começo traçar aqui um modo alternativo de como devem ser os cultivos agrícolas e pecuários no estado do Acre e dos territórios vizinhos da Amazônia boliviana e do noroeste do estado de Rondônia. Toda iniciativa de produzir alimentos básicos nas regiões supracitadas, em especial no Acre, a exemplo de arroz, feijão, milho, banana, ovos, frangos, leite entre outros, apresentam grandes dificuldades de escoamento e de armazenamento da produção, pois coincidem com os períodos das chuvas e estas impedem a trafegabilidade pelos ramais. Outra opção de transporte dos produtos para os centros consumidores é pelos rios, mas estes, por serem muito sinuosos, aumentam enormemente as distâncias a serem percorridas, o que inviabiliza devido aos altos custos e também pela demora no deslocamento.

Teria, então, alguma outra alternativa para produzir alimentos no estado do Acre, de modo autossustentado, capaz de livrar-se da dependência de serem importados de outros ecossistemas brasileiros, sempre transportados em veículos emissores de CO_2? De acordo com as possibilidades que serão apresentadas mais adiante, a resposta é um sonoro SIM. O fato de abordar a produção de alimentos na região amazônica do Acre não é algo desconectado da temática central deste relato, embora pareça ser. É uma tentativa de pavimentar trechos no caminho de volta, utilizando a engenharia reversa como processo metodológico, em busca de sentidos que justifiquem a existência de tanta água em um lugar que hoje predominam florestas e pastagens.

Na tentativa de completar o raciocínio e ir construindo as interconexões, a produção de alimentos na parte supracitada da Amazônia deve se livrar do determinismo do clima e ao mesmo tempo se adaptar aos modos de produzir, praticados pelas aldeias indígenas, que é planejado para o autoconsumo, para os deslocamentos internos de curtas distâncias e para armazenamentos até mesmo no próprio roçado. O estado do Acre foi o último pedaço de terras incorporado ao território brasileiro e, sob a administração deste, chegaram também as práticas do agronegócio que seguem uma lógica diferente das que foram desenvolvidas e praticadas milenarmente no agroecossistema amazônico. As vilas foram sendo formadas, os perímetros urbanos se estabelecendo e a necessidade de alimentos para a manutenção desses novos aglomerados se manifestando. Não havia na cultura multimilenária indígena a necessidade de comércio de produtos básicos com outros grupos, obrigando, então, aos novos habitantes, forasteiros, o desenvolvimento dos próprios cultivos alimentares praticados ao modo de sua própria cultura. Devido aos determinismos do clima, os modos de produzir alimentos, desenvolvidos em outros agroecossistemas, não se mostraram capazes o suficiente de atender às demandas, às necessidades e os hábitos dos novos habitantes urbanos que estavam se estabelecendo. Esses são alguns indicativos de como o estado do Acre se tornou dependente na importação de alimentos básicos, com exceção, atualmente, da carne bovina, da farinha de mandioca e de outros poucos cultivos.

Deixar de produzir alimentos básicos na Amazônia para importá-los de agroecossistemas distantes acarreta inúmeras consequências ao planeta. Se entrarmos em um supermercado no Acre e em qualquer outro no Brasil, encontraremos, com pequenas exceções, produtos oriundos quase sempre dos mesmos locais de produção. Muitas gerações enxergam esse processo como algo normal, ficando cada vez mais distante qualquer questionamento sobre o assunto. O que parece ser uma compreensão sensata do agronegócio é, na verdade, uma demonstração de ignorância dos atuais gestores do planeta. Mesmo que os produtores amazônicos continuem usando o fogo como instrumento de preparo dos seus roçados para produzir alimentos, ele ainda é menos prejudicial do que os alimentos produzidos e distribuídos por meio de máquinas movidas a combustíveis fósseis.

À primeira vista, parece bem razoável a ideia de não utilizar o fogo para preparar o roçado, por uma série de razões. Entretanto, com um pouco mais de acuidade e de análise crítica, nos damos conta de que as concepções mais abrangentes podem não ter sido consideradas quando da tomada da decisão, que visa o fim das autorizações para o uso do fogo. Assim, aquilo que parece ser uma solução simpática, romântica e mágica para a sustentabilidade local, pode ser na verdade uma perigosa armadilha para o aquecimento global.

NA NUVEM: A AMAZÔNIA VISTA NO FUTURO

Para ajudar na compreensão, façamos o seguinte exercício: digamos que um determinado produtor, de base familiar do Acre, deixe de queimar a capoeira onde pretendia plantar feijão, cuja finalidade é o autoconsumo da família e o excesso ser vendido no mercado local. Agora, devido a impossibilidade de adquirir outra tecnologia, aliada à falta de capacidade do Estado, esse roçado de feijão deixe de ser cultivado. O produtor havia feito uma previsão de colher 2.000 kg do produto. Pergunto: os consumidores, por causa disso, deixarão de consumir 2000 kg de feijão? A resposta é não, pois o supermercado dará um jeito de ir buscá-lo em outro lugar.

Digamos então que o feijão, que deixou de ser cultivado no estado do Acre devido a esse novo entendimento, venha agora do Centro-Oeste brasileiro ou importado de outros países. Lá, o que é quase certo, ele foi cultivado com o auxílio do trator que consome óleo diesel, o que significa a emissão de CO_2 de origem não renovável para a atmosfera. Para transportar esse feijão até o estado do Acre, os caminhões continuam emitindo para a atmosfera o CO_2, de origem não renovável, contribuindo para o aumento do aquecimento global. Por outro lado, a queima da capoeira também emite CO_2 para a atmosfera. Entretanto, diferentemente do anterior, essa emissão é de origem renovável, ou seja, todo o CO_2 produzido pela queima do roçado antes de ser enviado à atmosfera foi retirado de lá por meio da fotossíntese.

Esse é o argumento mais utilizado pelo setor canavieiro para convencer a comunidade internacional e para justificar a queima do bagaço da cana-de-açúcar para a obtenção do etanol e para a cogeração de energia. Ou seja, a queima do bagaço da cana-de-açúcar nas caldeiras das usinas emite para a atmosfera, de modo instantâneo, o CO_2 anteriormente retirado de lá pelo processo da fotossíntese, produzindo energia suficiente para movimentar a usina de etanol e ainda gerar energia elétrica para ser vendida no mercado. Esse raciocínio coloca o setor dos biocombustíveis do Brasil em condições de competitividade consciente, melhorando enormemente o balanço energético, impondo limites de competitividade que nenhum outro país consegue acompanhar.

A queima da capoeira para plantar feijão está inserida na mesma lógica, ou seja, enquanto a usina de biocombustíveis usa a energia do bagaço para a operacionalização de suas atividades industriais e para a cogeração de energia elétrica, sendo aceito pelo mundo todo, o nosso produtor usa a energia contida nos galhos e nas folhas para limpar o roçado, aplicando o mesmo princípio: é o fogo das caldeiras de um lado e o fogo do roçado de outro. Pela lógica do aquecimento global, ambos os procedimentos estão na mesma relação de causa e efeito.

O exemplo do feijão serve também para todas as outras commodities básicas, de origem importada, consumidas no estado do Acre (arroz, feijão, milho, hortifrutigranjeiros etc.). O consumo de produtos alimentares importados de outras regiões significa trocar a emissão de CO_2 de origem renovável (a queima da capoeira) por CO_2 de origem não renovável (a queima do petróleo), aumentando o aquecimento global. Sem contar que esse procedimento gera mais congestionamento de caminhões nas estradas brasileiras, aumenta o custo de manutenção das rodovias e, o que é mais grave, promove um desincentivo à produção local de alimentos.

Poderia alguém argumentar, com muita lógica, que ao queimar o bagaço da cana-de-açúcar estaríamos queimando resíduos de uma única espécie, enquanto que a queima do roçado envolve dezenas delas. Embora isso seja verdadeiro, é bom lembrar que a produção da cana-de-açúcar não permite o desenvolvimento de qualquer outra espécie no ambiente de cultivo que não seja ela mesma, provocando grandes alterações na biodiversidade natural daquele agroecossistema, comportamento que se estende por cinco anos ininterruptamente, tempo suficiente para que muitas espécies não voltem a germinar naturalmente nesses locais.

Outros podem argumentar que a queima do roçado polui a atmosfera com a fumaça, causando problemas respiratórios a crianças e idosos, o que não deixa de ser verdadeiro. Por outro lado, a queima de óleo diesel e de gasolina na produção e no transporte dos alimentos importados deposita no ambiente que respiramos uma série de poluentes, causando problemas de saúde ainda maiores. Eles poluem o ambiente em que respiramos com óxidos de nitrogênio, dióxido de enxofre, material particulado, hidrocarbonetos, dióxido e monóxido de carbono. Este último é um gás sem cor e sem cheiro que se associa à hemoglobina, provocando dor de cabeça e redução da capacidade respiratória. O dióxido de enxofre pode ser cancerígeno em grande concentração. O óxido de nitrogênio provoca irritação nos olhos e no sistema respiratório e constitui o *smog*, névoa de poluição que dificulta a visibilidade. Seu impacto sobre o aquecimento global é trezentas vezes mais potente que o CO_2, além de atingir a camada de ozônio.

Parece bem lógico o raciocínio que deixar de queimar a massa vegetal e incorporá-la ao solo melhora uma série de aspectos ligados à sustentabilidade. Entretanto, é imprescindível investigar essa prática de incorporar a biomassa verde no solo, pois em condições de constante encharcamentos, durante o longo período chuvoso, esse material pode entrar em decomposição na ausência de oxigênio e, com isso, em vez de liberar carbono na forma de CO_2, libera-o em outras configurações, inclusive na forma de metano (CH_4) cuja molécula retém 21 vezes mais calor na atmosfera do que a do dióxido de carbono (CO_2). É imprescindível seguir o exemplo da floresta que ao depositar suas folhas e galhos no solo, os deixa fermentar na superfície. Mesmo assim, no interior das camadas sobrepostas, principalmente em locais encharcados, ocorre fermentação desses materiais na ausência de oxigênio, fato confirmado pela NASA – Agência Espacial Americana, que já identificou muitas nuvens de metano sobre a região amazônica.

O fim do uso do fogo é sem dúvida uma meta a ser perseguida, mas não sem antes conhecer todos os aspectos oferecidos pela nova tecnologia que irá substituí-lo, pois o que está sendo proposto nos dias atuais é substituir os alimentos cultivados com o uso da energia biológica dos trabalhadores amazônicos pela energia fóssil das máquinas agrícolas. Além do mais, os produtos alimentares, para chegarem ao consumidor acreano, terão que fazer um longo passeio na carroceria de caminhões, emitindo mais e mais carbono de origem não renovável para a atmosfera. Mesmo utilizando as mais modernas tecnologias disponíveis nos dias atuais, a exemplo de catalisadores, filtros entre outros, a queima de um litro de gasolina em motores de combustão interna emite para a atmosfera pelo menos 1,14 kg de CO_2. Um veículo movido a óleo diesel emite uma quantidade ainda maior. Ou seja, enquanto nossas decisões continuarem nas mãos de especialistas fiéis ao Paradigma Newtoniano Cartesiano, que analisa processos isolados e fragmentados, coloca-se em risco a reprodução da vida neste planeta, nas suas mais diversas manifestações.

De qualquer modo, temos que reconhecer o esforço e a iniciativa das instituições públicas de querer fazer alguma coisa para mitigar as emissões dos gases de efeito estufa para a atmosfera. Entretanto, as dimensões realmente impactantes e que precisam ser atacadas com prioridade ainda não foram percebidas pelos seus gestores, a exemplo das cegonhas que continuam abastecendo às cidades com mais automóveis, movidos à combustão interna, aumentando as emissões de CO_2 de origem não renovável, sem nenhum critério, sem nenhum constrangimento e sem nenhum questionamento institucional. Muito pelo contrário, tudo é feito com incentivos governamentais, a exemplo das isenções de IPI – Imposto Sobre Produtos Industrializados entre outros.

Precisamos sim, e com urgência, suspender a derrubada da floresta virgem e não necessariamente o uso do fogo. A queima tem importância relativa, pois o fogo é apenas uma oxidação rápida, ou seja, com ou sem ele uma floresta derrubada continuará oxidando. Não podemos esquecer que a oxidação é imprescindível para manutenção da entropia do planeta, sem ela não haveria a reciclagem de nutrientes nem tampouco os fluxos de energia para a manutenção da vida. O produtor abandona determinadas partes do seu roçado para que se transforme em capoeira, ou seja, deixa acumular energia para depois, em forma de fogo, utilizá-la como tecnologia de limpeza e de profilaxia, dispensando assim o uso dos tratores, dos herbicidas e demais defensivos agrícolas. O fogo do roçado (oxidação) contribui menos para o aquecimento global do que o fogo que arde escondido na câmara de combustão dos automóveis, caminhões e tratores sem que ninguém o perceba.

Não há Lei que impeça a oxidação. No dia em que a oxidação deixar de existir, seja ela pelo fogo ou por processos mais lentos, a floresta deixará de crescer e o rio deixará de correr. É preciso, sim, estabelecer uma data para substituir totalmente o combustível de origem não renovável que alimenta o fogo dentro das câmaras de combustão dos motores dos automóveis, dos caminhões e dos tratores, inclusive propondo a redução do número desses veículos em circulação. O impacto sobre o planeta será realmente significativo. O resto é autopromoção e ignorância útil que só satisfaz à comunidade dominante e pouco comprometida, impactando diretamente àqueles que não sabem se defender, forçando-os a substituir seu modo sustentável de ser e de produzir pelo modo dos outros, que é totalmente dependente de energia fóssil.

Há, nos argumentos aqui expostos, um alerta para a necessidade de adotarmos uma visão científica diferente que privilegie a percepção de um todo orgânico, em substituição à visão microscópica reducionista vigente nas decisões convencionais. Nossas ações não podem se referenciar apenas por processos isolados, sem considerar seu contexto espacial, temporal, social e ambiental atuais. Esse tipo de conhecimento pode ser profundo, porém, ao mesmo tempo restrito e atrelado a valores e interesses vigentes. A visão sistêmica tem que prevalecer, embora haja um longo e difícil caminho pela frente, porém necessário.

Uma das proposições mais importantes que se tem notícias nos dias atuais pode ser encontrada em um movimento que começou na Itália, que recebe o apoio dos apreciadores do *slowfood*, cujo objetivo é estabelecer uma proximidade entre o produtor e o consumidor, ajudando-os a valorizar e resgatar a dignidade dos agricultores de base familiar e suas práticas tradicionais. A ideia de proporcionar uma relação mais ética entre produtor e consumidor, sem a presença de intermediários, venenos ou conservantes, começa pela preferência ao consumo de produtos que a terra oferece naquela região e naquela sazonalidade, prezando sempre pela qualidade em detrimento à quantidade. Para que os produtores possam ir diretamente ao mercado Quilômetro Zero vender seus produtos, eles precisam produzir no máximo a 10 ou 15 quilômetros do local a ser comercializado. É uma opção que visa trocar a venda no atacado, onde é tudo mais rápido, pela satisfação do contato com os clientes consumidores. A distância percorrida pelo alimento do campo até o prato do consumidor, conhecida pela designação *food miles*, embora não seja exata, dá visibilidade aos estragos que foram produzidos no percurso. Estima-se que 1kg de cerejas produzido na

Argentina para ser consumido em Roma, na Itália, a 12 mil quilômetros de distância, são emitidos 16,2 kg de CO_2 para a atmosfera.

Uma nova perspectiva na produção de alimentos para a região amazônica do Acre parece estar ainda distante, mas com certeza já está a caminho: "programar a produção de alimentos durante o período seco, que ocorre entre os meses de abril e outubro". Evidentemente que esta proposição gera questionamentos, levanta dúvidas e estranhamentos, pois nessa época há escassez de chuvas, as águas dos igarapés e dos rios estão retornando ao Oceano Atlântico, que é seu verdadeiro lugar de origem; as vertentes ou nascentes estão diminuindo o volume de águas superficiais e muitas delas até mesmo interrompendo por completo o fornecimento, uma vez que os lençóis freáticos deixaram de ser abastecidos devido à ausência das precipitações. Surge então uma pergunta: como estabelecer um programa de produção de alimentos na Amazônia acreana e arredores, em um período em que esses territórios sofrem com a escassez de chuvas? Evidentemente que, para uma alternativa de produção de alimentos em períodos que não chove o suficiente, vai demandar uma estrutura para o fornecimento de água para os cultivos, que não virá das chuvas, mas que deve ser desenvolvida por meio de um processo de irrigação. Uma resposta leva, evidentemente, a outras perguntas! Como irrigar em momento em que os lençóis freáticos não estão sendo abastecidos, em momento em que as nascentes estão secando e os rios e igarapés estão devolvendo suas águas ao Oceano Atlântico?

Para responder a algumas das interrogações que se apresentam, será preciso planejar o armazenamento da água nos períodos em que ela está disponível em abundância, ou seja, nos meses chuvosos de outubro até abril, período em que se iniciam e cessam as precipitações na Amazônia acreana e nos territórios vizinhos, respectivamente. Construir corpos d'água no interior das áreas já desmatadas do Acre e territórios vizinhos, principalmente nas depressões naturais existentes no interior das áreas de pastagens, ocupadas atualmente no desenvolvimento de uma pecuária extensiva, pode ser uma ideia que já gravita entre nós. Quem sabe sejam os primeiros sinais que responderão os porquês da presença de tanta água constatada no futuro, nesses mesmos lugares. Embora o cenário seja ainda o das suposições, não faz mal nenhum ir construindo mentalmente essa possibilidade, pois o que vai ser feito para que o futuro se apresente tão diferente do que é hoje, aproximadamente trezentos e sessenta anos depois, pode ainda não ter sido iniciado ou, então, concebido conscientemente.

Tomando como exemplo o estado do Acre, a substituição de áreas de florestas por áreas de pastagens, realizada até os dias de hoje, pode estar na ordem de 10%, uma dedução estimada. Se considerarmos que todas as depressões existentes nas áreas de pastagens forem convertidas em locais apropriados para o armazenamento de água da chuva, durante o período das precipitações, um imenso mosaico composto de corpos d'água e pastagens daria visibilidade a um novo cenário produtivo.

Cada corpo d'água formaria uma pequena unidade produtiva com possibilidades de diversificar produtos, além de dar suporte a atividades produtivas intensivas. A biomassa que deixou de ser produzida nas áreas de pastagens, locais que foram convertidos em lâminas d'água, podem ser planejados para o desenvolvimento de organismos aquáticos. As áreas de pastagens no entorno dos corpos d'água podem receber a irrigação, permitindo que a produtividade das pastagens, em épocas de baixas precipitações, se converta em locais mais produtivos, podendo atingir até dez vezes a capacidade de suporte do rebanho comparada aos padrões atuais. A produtividade atual é de aproximadamente 1,2 cabeças por hectare. Com os benefícios da irrigação, associados ao manejo e a fertilização das pastagens, em épocas que não chove, poderá abrigar até doze (12) cabeças por hectare. Isso significa que um produtor que deseja aumentar dez vezes a sua produção atual, o faça por meio da tecnologia, sem a necessidade de desmatar dez vezes mais o tamanho da sua propriedade.

A desaceleração da pressão sobre as florestas é um ganho inestimável. A colheita dos organismos aquáticos, a exemplo dos peixes, é geralmente vendida na semana santa, que ocorre no mês de abril, justamente no período em que as chuvas estão declinando e o período das secas se aproximando. Sendo assim, a água que vai ser usada na irrigação de pastagens e de outros produtos alimentares, a exemplo do feijão, do arroz, do milho, da melancia, do melão, do tomate, etc., vai estar fertilizada com os detritos produzidos pela criação dos peixes. Esses detritos são principalmente compostos nitrogenados e fosfatados que são transferidos junto com a água de irrigação para os cultivos do entorno. Sendo assim, os corpos d'água utilizados para a criação de peixes e de outros organismos aquáticos, se tornam uma indústria de fertilizantes para os cultivos do entorno.

As proposições aqui apresentadas vão dar visibilidade aos processos de sustentabilidade. Em se tratando de Amazônia é preciso sair dos modelos produtivistas denominados de "cadeias produtivas", pois são produções pensadas em processos isolados, fragmentados, onde se olha somente para um cultivo, buscando a todo custo isolar a espécie de qualquer função ecológica. É preciso substituir o conceito de cadeias produtivas por produções "encadeia". Provavelmente uma nova ciência deva ser criada para dar sustentação teórica ao que se pretende perscrutar. Momentaneamente, um nome que melhor traduz o que se pretende estabelecer é HIDROAGROECOLOGIA, que significa um modo de produzir alimentos pelo processo de interatividade entre corpos d'água (açudes e/ou tanques) e cultivos alimentares do entorno (feijão, milho, arroz, pastagens etc.). Um dos seus princípios baseia-se na interatividade entre ciências, onde o resíduo de uma é matéria-prima para a outra em um processo contínuo de retroalimentação. Portanto, o reuso da água utilizada na criação de peixes e/ou outros, composta de resíduos orgânicos e metabólicos, bem como compostos nitrogenados e fosfatados que ficam diluídos no meio são redistribuídos nos cultivos do entorno, num processo de ferteirrigação natural.

Visto de modo mais específico, o princípio da Ciência Hidroagroecologia, aqui proposto, consiste em redirecionar parte do fluxo natural de energia que é trocada entre dois organismos do mesmo meio (aquático) para outras modalidades produtivas (terrestres). Ou seja, parte da energia destinada à alimentação dos peixes (zooplâncton), não aproveitada por eles, mais aquela produzida pelas fezes desses organismos, em vez de ser destinada ao desenvolvimento do fitoplâncton é encaminhada aos cultivos alimentares do entorno por meio da ferteirrigação. A retirada gradual dos resíduos orgânicos, metabólicos e dos compostos nitrogenados e fosfatados que se concentram nos corpos d'água, originados pelo acúmulo das fezes e da ração não consumida pelos peixes, é denominada de água residuária e o processo de transferência será tratado pela Ciência Hidroagroecologia como ferteirrigação natural.

Figura 3. Concepção artística de uma unidade produtiva, tendo como epicentro um corpo d'água, onde antes havia uma área de pastagem de exploração extensiva.

Fonte: ARAÚJO. M., 2022

A Figura 3 é uma representação teórica da Ciência Hidroagroecologia, tendo também como objetivo mostrar a presença de água que se acumulou durante as precipitações de outubro até abril. Serve também para lembrar que esse minúsculo corpo d'água, pode ser um ponto de conexão da intensa presença de água vista no futuro. Embora a água esteja representada no epicentro da Figura 3, interagindo com seu entorno, outros fenômenos ocorrem na área, mesmo sem serem vistos. Um deles, o mais representativo, que vai ajudar na interpretação e na pavimentação de mais um trecho a caminho da elucidação dos porquês de tanta água, vista no futuro, onde hoje predominam as florestas e as pastagens é o da interatividade entre a Hidroagroecologia e a Meteorologia.

Para dar visibilidade à ocorrência entre as duas ciências, mesmo que ainda não possa ser percebida, faz-se necessário abordar um pouco mais sobre o assunto, até mesmo para relembrar um pouco do que já foi dito. Façamos aqui uma reflexão: se por um determinado período de tempo forem suspensas as atividades da atmosfera, não havendo mais a evaporação dos oceanos e nem a movimentação das massas de ar em direção aos continentes, em pouco tempo estes ficariam sem água, pois não haveria mais chuvas, os lençóis freáticos deixariam de ser abastecidos, as nascentes desapareceriam e os rios e igarapés conduziriam toda a água de superfície de volta para os oceanos. Então é possível inferir que o lugar natural da água não é o continente e sim os oceanos. Há relatos históricos de que isso já pode ter acontecido em determinadas regiões do planeta. Existem evidências que alimentam a teoria do desaparecimento da civilização Maia, que teria abandonado seu berço civilizatório por falta de água, e que teria se deslocado na direção do Oceano, pois sabiam que a água estaria lá.

Voltando a atenção para o Continente Sul-americano, mais especificamente abaixo da linha do Equador, toda a água recebida por ele tem origem na evaporação da parte equatorial do Oceano Atlântico. As massas de ar que circulam, inicialmente de Leste para Oeste até a Cordilheira dos Andes, carregam a umidade em direção à Amazônia por intermédio de zonas mais elevadas da atmosfera. As massas carregadas de umidade, oriundas da evaporação do Oceano Atlântico, ao se estenderem pela imensidão da Floresta Amazônica, são conduzidas para as zonas de baixa pressão atmosférica, cuja demarcação é a linha denominada Zona de Convergência Intertropical – ZCIT. Assim, os serviços ambientais prestados pela Floresta Amazônica, localizada abaixo da linha do Equador, são reativados a cada período chuvoso, que começa em outubro e se estende até o mês de abril, todos os anos, ininterruptamente. A presença exuberante da Floresta Tropical Amazônica é consequência desse fenômeno. Se não fosse assim, ela não estaria lá.

Seguindo o mesmo raciocínio do parágrafo anterior, a Floresta Amazônica recebe a água que vem do Oceano Atlântico, hidrata seu organismo, retoma suas atividades de produção orgânica por meio da fotossíntese, abastece com água a atmosfera por meio da transpiração, mantém por mais tempo a umidade na superfície do solo, devido ao sombreamento, prolongando por mais tempo os processos de evaporação que, juntamente com a transpiração, carregam com água as massas de ar da atmosfera. Parte dessa água, como dito anteriormente, mesmo com outras palavras, volta em forma de chuva na própria região e arredores. Outra parte segue rumo ao Sul do Continente Sul-americano para manter a regularidade das chuvas, abastecer reservatórios e gerar incontáveis benefícios originários desse processo. Quando as chuvas se deslocam para o Norte da linha do Equador, entre os meses de abril e outubro, a falta de chuvas se manifesta no sul do continente, principalmente no Sudeste e no Centro-oeste brasileiros. A floresta deixa de dar sua imprescindível contribuição no abastecimento de umidade das massas que se deslocam para o Sul. É preciso entender que a floresta só pode dar aquilo que recebe.

Uma outra abordagem se faz necessária para melhorar o entendimento e obter mais visibilidade sobre o Planeta Terra como um todo. Não ajuda em nada afirmar que o Planeta Terra é constituído de aproximadamente 70% de água, sem completar a informação de que se trata da água que cobre apenas a parte externa de sua superfície. Esta é uma visão superficial, literalmente. É o mesmo que afirmar que a cor predominante de uma melancia é o verde. Quebre-a e verá que isso não é verdade. É preciso lembrar que qualquer corpo d'água, seja ele o mar, o oceano ou um lago, estarão sempre assentados em cima de terra ou de pedras. Não é preciso ser um gênio para entender que se traçarmos uma linha que se inicia no fundo de um oceano até encontrar o fundo de outro, localizado na parte oposta da esfera planetária, numa extensão aproximada de 12.700 quilômetros, encontraremos somente terra, rochas e rochas derretidas. Fica evidente que o Planeta Terra é composto de muito mais terra do que de água, fazendo jus ao seu nome. Se quisermos denominá-lo com mais representatividade deveríamos chamá-lo de "Planeta Pedra".

De todo modo, o que vai realmente interessar nas deduções que se manifestarão mais adiante é mantermos o foco na superfície do planeta, onde a água cobre a maior parte de sua superfície e onde ocorrem os aquecimentos e resfriamentos responsáveis pelos movimentos das massas de ar, dos ventos e de outros fenômenos. Para facilitar o entendimento, como nos foi ensinado nas escolas, mas sem perder de vista as noções de interdependência entre os fragmentos, será preciso fracionarmos o planeta terra em duas partes, ou seja, uma metade da esfera que fica ao norte da linha do Equador, denominada de Hemisfério Norte, e a outra metade da esfera que fica ao Sul da linha do Equador, denominada Hemisfério Sul. Mais uma informação se faz necessária antes de seguirmos adiante, a de que o Hemisfério Norte tem menos terras submersas por água do que o Hemisfério Sul. Ou seja, o Hemisfério Norte é coberto por aproximadamente 61% de água, sendo que a terra ocupa os outros 39%. O Hemisférios Sul é coberto por aproximadamente 80,9% de água, sendo que a terra ocupa os outros 19,1%.

NA NUVEM: A AMAZÔNIA VISTA NO FUTURO

Figura 4. Vista das proporções da Terra não submersas, entre os Hemisférios Sul e Norte.

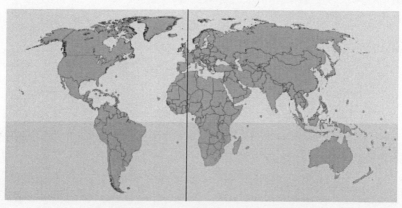

Fonte: https://pt.wikipedia.org/wiki/Hemisf%C3%A9rio_norte

Se examinarmos a Figura 4, podemos constatar visualmente que o Hemisfério Norte abriga um pequeno pedaço da América do Sul, a América Central, a América do Norte, e do outro lado do Oceano, a Europa, a Ásia continental, parte da Oceania e aproximadamente dois terços da África. Isso justifica em parte, embora não seja só isso, que 90% da população mundial se encontra nesse Hemisfério, uma vez que a maior parte da massa terrestre, não encoberta por água, também se encontra nessa parte do planeta. Por outro lado, o Hemisfério Sul abriga a maior parte da América do Sul, o Sul da Ásia, a Austrália em sua totalidade, aproximadamente um terço da África e, na parte não visível da Figura 4, a Antártida em torno do Polo Sul. Esta última é considerada continentalidade, ainda que suas terras estejam encobertas com água congelada e clima desértico. Como já foi dito, apenas de outro modo, o Hemisfério Sul tem aproximadamente 81% de sua continentalidade coberta por água e apenas 19% de suas terras emersas. A quantidade de água X a quantidade de terras, em cada um dos Hemisférios, tem muito a ver com a amplitude térmica e com os comportamentos climáticos em cada um deles.

Para seguir adiante com menos dúvidas, a amplitude térmica, referida no parágrafo anterior, é a diferença entre a temperatura máxima e a temperatura mínima de um meio, em um determinado período de tempo, que pode ser de uma hora ou de um dia. Quando se trata de um meio aquático, devido ao elevado calor específico da água, que consiste na quantidade de calor que os raios solares devem fornecer para elevar a sua temperatura, tem-se que as variações são menores, ou seja, a temperatura do meio aquático se conserva por mais tempo. Quando isso acontece, há um menor aquecimento das massas de ar naquela superfície, pois é preciso absorver muita energia para começar a mudar a temperatura do meio. É por isso que a água é utilizada nos radiadores de automóveis, porque ela é capaz de absorver muito calor antes de elevar sua temperatura.

Na Floresta Tropical, a amplitude térmica também tende a ser baixa, embora a média da temperatura do ambiente se mantenha alta, 26°C. É importante compreender que a amplitude térmica da Floresta Tropical também é baixa, semelhante à dos meios aquáticos, mas por outros motivos. Embora as áreas localizadas no interior dos continentes variem mais as suas temperaturas, a presença da vegetação e dos resíduos vegetais funcionam como interceptores da radiação solar, impedindo que ela atinja o solo. Existe um trinômio que se aprende nos estudos de Meteorologia que diz mais ou menos o seguinte: quanto maior for a continentalidade, menor será a umidade e maior será a amplitude térmica; e quanto maior for a maritimidade, maior será a umidade e menor será a amplitude térmica ou variação da temperatura do meio. É importante lembrar, portanto, que o aquecimento rápido de um meio favorece o aquecimento da atmosfera próxima à superfície, que ocorre principalmente por transporte de calor, gerando zonas de baixa pressão, produzindo deslocamentos das massas localizadas em zonas de alta pressão, determinando assim a circulação atmosférica e os diferentes tipos climáticos.

Figura 5. Concepção artística dos corpos d'água vistos no futuro do Sudoeste Amazônico.

Fonte: ARAÚJO. M., 2023

Retorno mais uma vez ao eixo das hipóteses a que se propõem estas buscas: encontrar as razões e/ou os porquês da presença de tanta água, verificada em futuro não tão distante, nos locais da Amazônia ocidental atualmente ocupados por florestas e por pastagens para criação de gado bovino, principalmente. Se analisarmos o efeito dos cinco grandes lagos de água doce que ligam o centro da América do Norte ao Oceano Atlântico, somados a centenas de outros menores espalhados pelo seu interior, formando mais de 30 mil ilhas, podemos obter informações importantes sobre o comportamento da atmosfera naquelas regiões. Desse modo, ajuda a elucidar a compreensão dos possíveis efeitos produzidos pela presença de água na Amazônia Ocidental brasileira e arredores, durante o período que não chove, onde hoje predomina, como já foi dito, florestas e pastagens.

Sabe-se que os meios aquáticos, devido ao elevado calor específico da água, são grandes absorvedores de calor, embora apresentem temperaturas mais amenas. As terras continentais, diferentemente dos meios aquáticos, absorvem e perdem calor em menor tempo. A presença de água na região dos grandes lagos, na América do Norte, por absorver grandes quantidades de calor, podem cedê-lo à atmosfera de modo contínuo e por um tempo mais prolongado. Devido ao grande armazenamento de calor e de sua emissão gradativa para a atmosfera, mesmo diante da mudança de estações do ano, provoca grandes alterações nas massas de ar, a exemplo das fortes nevascas que ocorrem por lá, só para citar uma delas. Quais seriam então os movimentos atmosféricos na região amazônica se nos lugares hoje ocupados por pastagens e outras vegetações fossem substituídos por água?

Sabe-se, também, que a presença da vegetação e dos resíduos vegetais funcionam como interceptores da radiação solar, impedindo que ela atinja o solo, armazenando assim menos energia nele. Por outro lado, a presença de água, sem nenhum dos impedimentos anteriores, vai armazenar grandes quantidades de calor, principalmente em uma região onde a incidência da radiação solar é das mais intensas do planeta. Evidentemente que o comportamento da atmosfera, nessas condições, será bem diferente. É bom lembrar que a mudança do estado da água, do líquido para o gasoso, é realizada por intermédio do calor depositado por ocasião da incidência dos raios solares. É ele, denominado de calor latente, que conduz a água para o alto da atmosfera, seja evaporando as superfícies úmidas, seja evaporando a água transpirada pela vegetação. Esse dinamismo produz as chuvas, a refrigeração da área, sendo também responsável pelo carregamento de umidade das massas de ar que se deslocam da Amazônia rumo ao Sul do Continente Sul-americano, durante o período chuvoso, evidentemente.

Começa a ficar aqui um pouco mais claro por que, entre os meses de abril e outubro, as precipitações na Amazônia brasileira são suspensas, especialmente abaixo da linha do Equador. Não é difícil deduzir, pois, se não chove, é porque os solos não fornecem umidade para evaporar e as plantas estão com os estômatos fechados para não perder água, suspendendo a transpiração. Do mesmo modo, os rios e igarapés diminuem ao máximo sua lâmina d'água, restringindo sua superfície exposta à evaporação. Resultado de tudo isso é que, mesmo tendo muito calor disponível, não há umidade disponível para evaporar, e consequentemente não há produção de chuvas e nem de umidade para fornecer às massas de ar que se deslocam para o Sul do Continente Sul-americano. Sendo assim, não há água disponível a ser transportada para abastecer os reservatórios localizados ao Sul do Continente sul-americano, diminuir os incêndios no Pantanal, saciar a sede nos grandes aglomerados humanos, manter ativa as bacias hidrográficas dos rios Paraná e Paraguai, entre muitos outros benefícios que deixam de existir. A pergunta que vem agora é a seguinte: e se tivéssemos água disponível, no local e no período em que ela naturalmente não estaria presente, disponível como matéria-prima para a evaporação e para que a continuidade da transpiração dos cultivos irrigados, durante o período que não chove, de abril a outubro? Isso faria alguma diferença para os movimentos atmosféricos? Se sim, as mudanças climáticas, ou melhor, os comportamentos climáticos poderiam então serem determinados, planejados, controlados, ao invés de deixá-los indomados nas mãos do acaso?

Para responder aos questionamentos levantados, será necessário abordar um pouco mais o tema da transpiração e da evaporação, de modo mais simples e mais compreensível. A transpiração é um processo no qual a planta libera água no estado gasoso, por meio de pequenas aberturas presentes nas folhas denominadas estômatos. Do mesmo modo, a evaporação é a passagem lenta de uma substância que está no estado líquido para o estado gasoso. Sendo assim, quanto mais depressa a superfície recebe energia, mais depressa ela evapora e ocorre porque as moléculas que se encontram na superfície do líquido se agitam e escapam para a atmosfera. Quanto mais calor, mais agitação e mais moléculas vão para o vapor. Um exemplo disso é quando derramamos água em uma chapa quente, a exemplo de um fogão à lenha, ou quando o ferro de passar roupa, bem aquecido, entra em contato com o tecido ainda molhado. Nesses casos, a água é evaporada em temperaturas muito superiores aos da ebulição, ocorrendo de modo agressivo, quase instantaneamente.

Em qualquer um dos exemplos supracitados, existe uma condicionante, senão vejamos: para que um grama d'água passe do estado líquido para o de vapor, ela precisa receber aproximadamente 540 calorias. Na evaporação de superfícies molhadas, a exemplo de um lago a 20°C ou da água transpirada na superfície das folhas, será preciso um pouco mais: 584 calorias por grama de água. É importante considerar aqui, que na Amazônia a água está, geralmente, acima de 20°C, necessitando menos energia por grama de água para sua mudança de estado, ou seja, para passar do estado líquido para o estado gasoso. No cotidiano, se observa que as roupas enxugam quando são estendidas no varal e que uma poça d'água vai diminuindo com a presença dos raios solares, sem nos perguntarmos o porquê. O termo evaporação é um termo geralmente utilizado quando a vaporização ocorre de forma mais lenta na superfície do líquido, sem o aparecimento de bolhas ou agitação, não sendo perceptível visualmente.

Diante dessas informações básicas, apresentadas no parágrafo anterior, já é possível compreender, também, por qual motivo os animais procuram abrigo à sombra de uma árvore, em um dia ensolarado. Embaixo dela há uma sensação de estar menos quente, pois parte da energia incidente, emitida pelos raios solares, está sendo utilizada na fotossíntese, onde estão sendo produzidos os compostos orgânicos. Ou seja, a energia que está sendo armazenada nos compostos orgânicos, por meio da fotossíntese, estará ausente sob a árvore. Outra parte da ausência de calor pode ser explicada pela proteção da copa que impede a incidência dos raios solares sobre os organismos abrigados em sua sombra. A terceira, a que mais nos interessa aqui, é que a água depois de completar seu percurso pelo interior dos vasos condutores das plantas, começando pela absorção das raízes até chegar às porções superiores da copa, onde estão as folhas, ela é eliminada da planta pela transpiração, que pode ser entendida como a transformação de água líquida em vapor d'água. Para que isso ocorra, cada grama de água vai precisar de aproximadamente 584 calorias, calor latente que será necessário para conduzi-la ao alto da atmosfera. Portanto, a sensação de frescor ou a ausência de calor, experimentada à sombra de uma árvore, se deve porque parte dessa energia está sendo utilizada para a água se tornar vapor, condição necessária para impulsionar seu movimento ascendente. Dito de outro modo, a evaporação consome calor sensível e o transforma em calor latente, promovendo assim o resfriamento. Quando a água atinge as camadas mais frias da atmosfera, ocorre a condensação da mesma, ou seja, retornando ao estado líquido e recuperando o calor sensível novamente.

Embora não sejam visíveis, é imprescindível saber que há muitos mecanismos envolvidos nesse percurso da água, que vai das raízes ou das superfícies molhadas até a atmosfera, bem como no seu retorno ao modo de precipitações *in loco* ou em diferentes regiões. Sabe-se que na Zona Equatorial da Amazônia há grande incidência de raios solares durante o ano, disponibilizando grandes quantidades de calor para transportar a água para a atmosfera e de lá para várias regiões do continente, inclusive em épocas onde ela é escassa. Acontece, como já mencionado por diversas vezes, que existe um abundante mecanismo de transporte durante o ano inteiro: a energia. Sendo que, em uma parte desse período, não há mercadoria para ser transportada: a água. Sendo assim, armazenar água durante o período chuvoso, para que ela esteja disponível nos períodos de escassas precipitações, em especial na Zona Equatorial ao Sul da linha do Equador, pode fazer grande diferença na distribuição de chuvas no Continente Sul-americano.

Não deveria haver, então, uma nova Ciência que fosse capaz de orientar as atividades produtivas na Amazônia, relacionadas com a água? Isso pode fazer sentido, uma vez que o modo de ocupação do território amazônico se iniciou pelo caminho das águas. Sendo assim, uma Ciência cujo nome ao ser pronunciado seja capaz de trazer, de imediato, a ideia que se quer transmitir pode ser "Hidroagroecologia", aliás, já comentada anteriormente. Apesar de ser um neologismo em construção, já é possível visualizar algumas dimensões imprescindíveis à sua caracterização. Sabemos que ela não pode ser compreendida como um conjunto de práticas, mesmo as mais sadias, executadas somente no interior de uma propriedade ou isolada em uma comunidade amazônica, pois ela transcende esses limites e, talvez, faça parte até mesmo das contribuições de manutenção da higidez planetária. Entender as inter-relações além dos limites da propriedade, já é um passo significativo para superar a visão reducionista, proposta há 400 anos por René Descartes, que busca o significado das coisas a partir do fragmento.

Também não podemos pesquisá-la a partir do planeta, buscando entender o todo para entender as partes, pois não temos sinapses suficientes ainda que permitam fazer associações nesse nível, o que é compreensível. Entretanto, apesar das dificuldades, fica evidente que essa Ciência só pode ser entendida em um determinado contexto, em um determinado território. No entanto, apesar de ser uma discussão atual, o conceito de território, discutido e proposto pelas instituições brasileiras, se restringe aos processos administrativos, além de ser um tanto tacanho e antropocêntrico, não tendo qualquer preocupação com a interdependência dos elementos que dão sustentação à Biosfera. Por outro lado, não tem sido fácil visualizar os limites de um hidroagroecossistema, pois existem elementos, embora distantes geograficamente, que se retroalimentam. As últimas constatações foram obtidas pela Estação Espacial Internacional, onde ondas de poeira vindas do Deserto do Saara, ricas em microalgas, se deslocam em direção à Amazônia, fertilizando-a.

Partindo-se de uma bacia hidrográfica, como unidade integradora de intervenções mais localizadas, já fica possível desenhar alguns contornos e dar visibilidade a algumas proposições da Hidroagroecologia. Nessa nova configuração, as ações anteriormente desordenadas e desconectadas, composta pelas diferentes categorias de moradores nela residentes, podem ser agora contextualizadas por ações integradoras que podem ser administradas conjuntamente. Os principais assuntos tratados no contexto de um hidroagroecossistema amazônico, nesse caso representado pela bacia hidrográfica, são os recursos ambientais que dizem respeito a todos os envolvidos (recursos florestais, hídricos, faunísticos, padrões de ocupação do solo, estradas, ramais, entre outros), imprescindíveis à manutenção da sua disponibilidade no tempo e no espaço.

É importante considerar também que as áreas mais enriquecedoras da pesquisa moderna são as que ignoram os limites entre as várias disciplinas e se revestem de aspectos multidisciplinares e transdisciplinares. Seguindo esse raciocínio, este novo jeito de conceber a realidade faz com que seringueiros, coletores, fazendeiros, pequenos agricultores, indígenas e ribeirinhos da região amazônica deveriam ser incluídos em um mesmo contexto: a exemplo de uma bacia hidrográfica. Não serão mais tratados somente a partir de categorias, o que lhes confere o mesmo sentido dado pela pesquisa moderna, onde também são ignorados os limites entre as várias disciplinas. Assim como os aspectos multidisciplinares e transdisciplinares são imprescindíveis para a compreensão do todo, as diferentes finalidades e anseios advindos de cada categoria se entrecruzam em uma relação de interdependência.

Muitos são os desafios para implementar um reordenamento nesse nível. Um deles é rever o pensamento Antropocêntrico, filosofia humanística que tem no homem o centro de tudo, hoje refutada pela Ciência. Na compreensão atual, romper com este paradigma é tido como condição essencial, não no sentido de que o valor homem se substitui ao valor natureza, mas no sentido de que se impõe como valor a "comunidade biótica", onde está inserido o homem, aquele que pode também protegê-la. Ou seja, não dá para romper inteiramente com o Antropocentrismo e adotar inteiramente o Biocentrísmo, pois o primeiro ressalta e reforça os direitos humanos e, uma vez que ambiente saudável é um direito humano, ele o protege por um processo que se retroalimenta. Outra grande interrogação da nossa cultura foi enfatizar o raciocínio reducionista. Um modo de pensar que valoriza muito mais as partes de um organismo maior do que o organismo em si. Nascemos imersos nessa atitude de dissecar e fragmentar tudo para tentar compreender as coisas. É sempre bom lembrar que a manifestação de um processo ou de um mecanismo novo, pode não estar presente nos componentes que os constitui, quando analisados isoladamente.

Nossos conceitos de associativismo também são dirigidos por este pensamento: índios discutindo só com índios, seringueiros só com seringueiros, pescadores só com pescadores, fazendeiros só com fazendeiros e assim por diante. Isso não significa dizer que alguém deva abrir mão do seu livre arbítrio ou da independência básica nas decisões pessoais, grupais, étnicas, culturais etc. O propósito maior é perceber-se inseridos em um cenário mais amplo de convivências e de interdependências que ultrapassam os limites paroquianos, vistas curtas centradas somente na sua propriedade ou em si mesmo, como se fosse possível viver sem interagir com o entorno. Para pôr em prática a dimensão social em um sistema hidroagroecológico, é imprescindível conviver, se envolver e servir uns aos outros sem rejeições e sem escravizações.

O grau de complexidade dessa nova proposição é bem mais acentuado. No entanto, os resultados serão socialmente mais justos, ambientalmente mais equilibrados, economicamente mais solidários e etnicamente mais interdependentes. O grande desafio para o desenvolvimento do estado do Acre e da Amazônia Ocidental é fazer da bacia hidrográfica um território de atuação onde possam sentar-se juntos, seringueiros, indígenas, fazendeiros, ribeirinhos e outros, em uma grande mesa de decisões libertárias para sustar, em definitivo, esta onda restringidora que opta por analisar a realidade de forma fragmentada ou separada, que ofusca nossa percepção de unidade.

É bom atentar para o fato de que, no processo evolutivo das espécies, os seres autotróficos, os vegetais, saíram gradativamente do meio aquático em direção ao meio terrestre pelo caminho das bacias hidrográficas. É bem provável que esse itinerário tenha sido construído de forma exaustiva, passo a passo, sem pressa, nos deixando um legado de inter-relações sustentáveis, mas que ainda não somos capazes de perceber. Algumas espécies foram surgindo para proporcionar que outras fossem atingindo novos horizontes e assim sucessivamente. Planejar no contexto da bacia facilita a compreensão dessas inter-relações, aclarando pistas para que possamos atuar mais lucidamente de modo a não comprometer os arranjos estabelecidos multimilenarmente.

Abrindo mais uma janela sobre esse assunto, há registros históricos das navegações, de que quando as caravelas de Colombo chegaram ao litoral Norte-americano, os índios não conseguiam enxergá-las. Por não as conhecerem e não saberem o que era uma caravela, seus olhos até percebiam a presença das mesmas, mas seus cérebros as deletavam. O chefe da tribo só conseguia perceber que havia uma configuração estranha sobre as águas, provavelmente uma depressão onde ficava o casco das caravelas. Depois de algum tempo, ele conseguiu ver os três barcos à distância. Os outros índios só conseguiram vê-las quando o chefe lhes descreveu o que estava vendo. Na verdade, isso procura explicar que os índios não viam as caravelas pela simples razão de que aquelas construções não faziam parte do que estava arquivado em seus cérebros. Eles até tinham suas pequenas canoas, mas nada que pudessem comparar e assimilar aquilo com algo que já conheciam. Sua mente nem sabia que deveria assimilar aquilo com uma canoa! O resultado foi que o cérebro simplesmente ignorou as caravelas durante um bom tempo, pois era como se não houvesse nada sobre aquelas águas.

    A Neurociência já desenvolveu pesquisas que comprovam que de fato enxergamos com o cérebro e não com os olhos. Eles são meros transmissores de imagens e sensações luminosas para o nosso cérebro. Nós vemos com o cérebro, e se determinada imagem não corresponder a nada do que tenhamos arquivado nele, podemos deixar de ver o que está à nossa frente, ao nosso entorno. Então, isso tudo será um Mito ou tem um fundo de Verdade? Se para alguns esses relatos são apenas um mito, as experiências vivenciadas na Amazônia não me dão a mesma certeza, senão, vejamos: em visita a arranjos produtivos praticados nas diferentes aldeias indígenas do estado do Acre e da Amazônia, sempre tive dificuldades para compreendê-los, pois são sofisticações construídas multimilenarmente, ausentes de minhas memórias. A compreensão e os significados dos arranjos produtivos praticados nas aldeias indígenas acreanas, só foi adquirida com o passar do tempo, gradativamente, aos poucos e com a sensação que me acompanha até hoje, de que ainda não foi visto tudo.

    A conclusão que obtive dessas vivências é a de que esses arranjos produtivos praticados milenarmente pelos povos indígenas podem não encontrar correspondência em nossos cérebros e, portanto, corre-se o risco de estarmos na presença deles sem poder enxergá-los. Assim como aconteceu com os indígenas que não conseguiam enxergar as caravelas por ocasião da chegada dos espanhóis e dos portugueses ao Continente Americano. É preciso cuidado com os saberes que foram construídos na Amazônia durante milênios, para que não sejam destruídos antes mesmo de conhecer sua fundamentação.

Retomando ao tema anterior, referente à Ciência Hidroagroecologia, é evidente que as intervenções humanas, em qualquer que seja o cenário, são quase sempre modificadoras. No entanto, é preciso intervir para que elas sejam realizadas de forma ordenada, estudada e reinterpretada pelos atores envolvidos. O que não dá mais para conceber é que cada morador de um determinado lugar conduza sua propriedade ao seu modo e de forma desconectada do todo. Há recursos envolvidos que dizem respeito a outros moradores e a outros organismos. Definitivamente, a ocupação do território amazônico precisa ser repensada de modo comprometido, com o ordenamento das medidas a serem tomadas, com os programas a serem desenvolvidos, com os projetos a serem implementados e com a revisão dos padrões de ocupação do solo tropical. É preciso planejar também, a evolução das unidades produtivas para que elas continuem produtivas por meio da incorporação tecnológica e não pela expansão ou incorporação de novas áreas.

Será que o agro é tech, o agro é pop, o agro é tudo? Sim, pode ser, mas essa prática não deveria incluir o Bioma Amazônico, mais especificamente o Sudoeste da Amazônia e especialmente o estado do Acre, que é uma zona de transição fronteiriça entre a Floresta Amazônica e os Andes. Sendo, por excelência, uma região de alta biodiversidade em todo o seu meio natural (solo e subsolo, água, fauna e flora), onde entram em contato diferentes comunidades e suas interações, além de abrigar muitas espécies endêmicas. O agronegócio adotou a propaganda para convencer as pessoas de que a Agropecuária, como setor da Economia, é essencial para o país. Não dá para negar que o Agronegócio é um modelo considerado importante para o Brasil, mas quando se trata do estado do Acre, Sudoeste da Amazônia, é preciso repensá-lo, pois o povo acreano sempre lutou contra os desmatamentos, a exemplo da luta dos povos da floresta para protegê-la, mobilização que ficou conhecida como Empates. A predisposição para a sustentabilidade é uma característica intrínseca dos povos que habitam esse território transicional.

Figura 6 a. Berçário de nascentes comuns (Rios do Acre, no Brasil; Madre de Dios e Ucayali, no Peru).

Fonte:https://www.google.com.br/maps/place/Acre/@-11.1672849,-75.3435436,6z/data=!4m6!3m5!1s0x917f8daa4e9106b9:0x25ec0ac5083607c1!8m2!3d-9.0237964!4d-70.8119953

Figura 6 b. Berçário de nascentes comuns (Rios do Acre, no Brasil; Madre de Dios e Ucayali, no Peru).

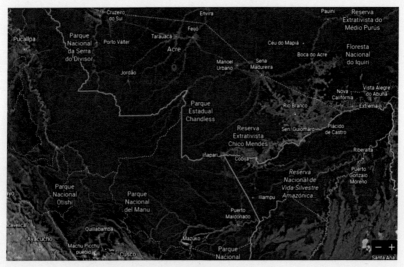

Fonte:https://earth.google.com/web/@-10.53566622,-71.05036227,179.79729434a,1350365.78509837d,35y,0h,0t,0r

É preciso levar em consideração, também, outros fatores que geralmente não são comentados, tratando-se da Amazônia Ocidental. O Sudoeste da Amazônia, incluindo o estado do Acre, o departamento de Madre de Dios e o Vale do Rio Ucayali além de ser um território trinacional de transição entre a Floresta Amazônica e os Andes, parecem ser um berçário de nascentes das águas que formam o Rio Amazonas, senão, vejamos: os rios do estado do Acre, entre eles os que compõem a bacia hidrográfica do Rio Juruá e os que compõem a bacia hidrográfica do Rio Purus, juntos formam praticamente toda a hidrologia do Acre. Examinando o traçado das águas, na figura 6b, fica visível que há uma tendência de os rios do Acre, em suas cabeceiras, convergirem para nascentes localizadas próximas umas das outras. O mesmo ocorre com o rio Madre de Dios, afluente do rio Madeira, e com o rio Ucayali, este último que é uma designação do Rio Amazonas em território peruano. Ambos estão localizados entre o Acre e os Andes peruanos, e tendem a também juntar-se ao mesmo berçário de nascentes supracitadas.

Fica cada vez mais evidente que é preciso redobrar a atenção em se tratando de investimentos nesse território "berçário de águas". Há uma outra observação importante que não poderia deixar de fazer: o rio Ucayali possui, na sua parte superior, um afluente denominado rio Urubamba, sendo que em uma das montanhas do seu trajeto fica a famosa cidade perdida de Machu Picchu. A distância entre a reserva indígena Mamoadate, localizada na divisa entre o município Sena Madureira, Acre, Brasil e Machu Picchu, Peru é de aproximadamente trezentos quilômetros. Em Machu Picchu, localizada em cima de uma montanha, existe uma nascente, cujas águas vão na direção do rio Ucayali que é, como já foi dito, a designação do rio Amazonas em território peruano. Essa vertente de águas, que serviu para abastecer a cidade perdida, pode ter sido considerada uma nascente sagrada, provavelmente uma representante simbólica da vida que nutre o Bioma Amazônico. E a própria cidade de Machu Picchu, por sua localização montanhosa, um altar de celebração e um mirante para observar, saudar e proteger o berçário de nascentes responsável pela manutenção dessa dimensão verde localizada logo abaixo: a Floresta Amazônica.

Incentivar o Agronegócio no Acre, ao modo como ele é concebido, pode acarretar vários problemas, a exemplo do uso de agrotóxicos; a prática de monocultivos em um lugar que abriga grande biodiversidade; a criação de gado bovino que demanda grandes propriedades e desmatamentos, acarretando a substituição de centenas de espécies por uma única: a espécie animal bovina; o manejo inadequado dos recursos naturais; a economia focada na exportação, no empobrecimento do solo, na retirada da cobertura vegetal e no desequilíbrio ecológico, entre outros. Isso tudo para a obtenção de uma pequena variedade de produtos, que são vendidos em larga escala a consumidores distantes do local de produção e, por consequência, aumentando o custo de aquisição dos mesmos produtos aos consumidores que vivem nas proximidades.

No estado do Acre, Brasil, a carne bovina, que é obtida da monocultura animal, que corresponde à criação de uma única espécie, não visa abastecer os mercados locais com seus produtos, a não ser que os consumidores paguem o mesmo preço recebido nas exportações. Em passado recente, antes de optar pelo agronegócio de exportação, a carne bovina sempre foi mais acessível aos consumidores acreanos do que o peixe. Atualmente é o contrário! É por essas e outras que os circuitos regionais de produção e consumo na Amazônia, especialmente no Acre, estão sendo cada vez mais desarticulados, acarretando custos elevados aos consumidores locais. O agronegócio, por meio de propagandas, tenta popularizar a ideia de que o Brasil é a Fazenda do Mundo, ou seja, sem qualquer preocupação com as distâncias onde serão consumidos seus produtos. O Agronegócio no Acre pode sim existir, mas com alguns ajustes, começando por um neologismo que lhe dê mais representatividade: "Agronegócioslocais".

Antes de qualquer proposição quanto ao melhor uso do solo ou das terras do Acre, sejam elas destinadas às atividades agropecuárias ou outras, é preciso considerar o padrão e os modos de vida já existentes, construídos milenarmente, sendo praticados nas 34 terras indígenas, reconhecidas pelo governo federal e distribuídas entre 11 dos 22 municípios acreanos, que representam 14,8% do território do Acre. Essa diversidade étnica está distribuída entre os municípios de Assis Brasil, Sena Madureira, Manoel Urbano, Feijó, Tarauacá, Cruzeiro do Sul, Mâncio Lima, Porto Walter, Marechal Thaumaturgo, Santa Rosa do Purus e Jordão. Somando-se esses territórios com as unidades de conservação, tanto as de uso direto quanto as de proteção integral, representam 46% da superfície total do Acre. O território acreano é composto por 15 etnias, além de outras três ainda não contactadas – os chamados "índios isolados". Estes, estimados pela Funai, contam com uma população de aproximadamente 600 pessoas. Segundo dados atualizados pela Funai e pela Secretaria Especial de Saúde Indígena (Sesai/MS), o contingente populacional indígena do Acre supera 19,6 mil pessoas, distribuídas entre as etnias Jaminawa, Manchineri, Huni Kuin, Kulina, Ashaninka, Shanenawa, Yawanawá, Katukina, Sayanawa, Jaminawa-Arara, Apolima-Arara, Shawãdawa, Poyanawa, Nukini, Nawas e os "isolados". Seus saberes, construídos multimilenarmente, são um repositório de inovações tecnológicas a serem incorporadas aos arranjos produtivos do Acre.

Dirijo, atualmente, uma instituição de ensino no município de Sena Madureira, estado do Acre, Amazônia Ocidental, o Instituto Federal de Educação, Ciência e Tecnologia do Acre - IFAC. Entre as atividades de Gestão, salas de aula e vivências pela Amazônia, lá se vão mais de quarenta anos. A intensa convivência com comunidades amazônicas, os povos da floresta, me fez perceber que o sistema de ensino proposto e orientado pelo Ministério de Educação e Cultura – MEC, não é adequado para uma ação propositiva frente à complexidade da diversidade étnica, da diversidade de arranjos de produção hidroagroecológica e da diversidade de identidades culturais. Se quisermos um Bioma Amazônico conhecido, precisamos nos despir de muitos conceitos que conduzem nossos pensamentos, nossas ações atuais e nossos modelos inflexíveis de ensino. Além do mais, sobre o agronegócio brasileiro, principalmente as televisivas, são inócuas para o Bioma Amazônico, uma vez que incentivam fazer dele o que é feito em outros Biomas.

É preciso criar um MEC-A, "MEC Amazônico", com exigências diferenciadas, senão vejamos: os docentes que ministram aulas em Instituições Federais na Amazônia, a exemplo de Universidades Federais e Institutos Federais de Educação, Ciência e Tecnologia, formam uma grande diversidade cultural e de saberes construídos nos mais diversos meios, principalmente os de sua origem. De modo geral, somente uma minoria possui vivências e conhecimentos sobre a realidade onde atuam, dificultando a percepção sobre os saberes amazônicos construídos milenarmente. O fato de exigir do docente um mínimo de dez horas semanais em sala de aula, conforme Regulamentação das Atividades Docentes - RAD - distribuídas em diversos dias da semana, nos Cursos oferecidos nas Instituições Federais de Ensino, tem restringido quase por completo o tempo livre dos professores, técnicos educacionais e servidores em geral para atuarem extraclasse e conviverem mais de perto com as comunidades amazônicas. Para complicar ainda mais a convivência com os povos que habitam a Floresta Amazônica, a exigência passou de dez para doze horas mínimas em sala de aula. Nos dias atuais, tramita uma resolução para exigir um mínimo de quatorze horas. O número reduzido de profissionais pesquisadores no interior da Amazônia é um fato, sendo a Regulamentação das Atividades Docentes – RAD - um dos empecilhos.

Dito de outro modo, convencionou-se subjetivamente que as atividades de ensino são prioritárias quando comparadas às de extensão, às de pesquisa e às de inovação. Do mesmo modo, convencionou-se que a sala de aula é um lugar fechado, cheio de cadeiras, uma lousa e um professor ensinando, principalmente conhecimentos produzidos por experimentadores de outros tempos. Parece-nos que o que está sendo produzido no presente, no aqui e agora, por esses mesmos estudantes, professores e técnicos, importa menos, pois será tema que precisa ser documentado e, posteriormente, discutido por outras gerações de estudantes. A princípio, a sala de aula pode ser qualquer lugar onde se discute o que está sendo produzido em trabalhos de extensão, de pesquisa e de inovações criadas local ou regionalmente. Ou seja, tudo que está sendo produzido em atividades cotidianas quaisquer. Pode ser em um bosque, em um roçado, em uma piscina, em um teatro, em uma casa em construção, em uma queimada de roçado, em uma movelaria etc. Em todos esses ambientes têm matemática, português, biologia, química, física e muito mais. O ensino é algo sem forma, experimentado, sentido, com ou sem som, com ou sem luz, com ou sem professor, multidimensional, multiexistencial e multimilenarmente. Para acessar e se antecipar a ocorrências futuras, a exemplo do que foi visto no futuro, é preciso desconstruir, investir em ideias novas, encontrar suas interconexões e treinar nosso cérebro para que não as refute.

A palavra MEC-A, MEC Amazônico, talvez não seja a mais adequada ou suficiente. É preciso mais! Os Institutos Federais de Educação, Ciência e Tecnologia que oferecem o ensino técnico integrado ao ensino médio, o subsequente ao ensino médio e o ensino superior que possuem em seu DNA o aprendizado prático e criativo, responsável pelo desenvolvimento de tecnologias de acordo com cada realidade. Nas Escolas Técnicas Agrícolas, antes de serem transformadas em Institutos Federais, o estudante era responsável pela produção do alimento dos animais e da manutenção da infraestrutura necessária. Eles alimentavam a vaca, tiravam o leite e limpavam os estábulos. Eram eles também que processavam o leite: fazendo o queijo, a manteiga, o iogurte, o doce-de-leite, entre outros. Os estudantes criavam o porco, limpavam o chiqueiro, matavam o animal e faziam salames, linguiças entre outros processamentos da carne.

A criação dos Institutos, portanto, tem como pano de fundo a consolidação desse modo de fazer ciência e de promover o desenvolvimento local e regional do Brasil. Ou seja, foi visando potencializar o modo prático de conduzir o ensino. No entanto, faltou constituir uma estrutura fortalecedora do jeito prático de ensinar. A ideia nova, criada para promover o desenvolvimento das economias locais, regionais e industriais continua a ser regida por uma estrutura não adequada à manutenção do propósito de aprender fazendo, aperfeiçoando, modificando, inovando. Para atender a um novo dinamismo sociocultural e econômico, o ensino profissional, técnico e tecnológico precisa ser normatizado por uma instituição embasada em princípios científicos oferecidos pelo Ministério da Ciência, Tecnologia e Inovações (MCTI), que é um órgão da administração direta do Poder Executivo Federal, responsável pelo estabelecimento de diretrizes para as políticas nacionais de ciência, tecnologia e inovação.

O Ministério da Educação e Cultura, MEC, é obediente ao paradigma da imobilização dos servidores e da fragmentação do conhecimento. Até mesmo suas proposições para projetos de pesquisas partem do princípio de que é preciso fragmentar a realidade, senão vejamos: a primeira orientação que um pesquisador recebe de seu orientador é sempre a delimitação do universo pesquisado: foco no fragmento. O modelo físico dos espaços escolares também obedece aos fragmentos, as delimitações. Para cada fragmento estabelece-se atribuições, perdendo-se assim as noções de conjunto e de unidade. Os compartimentos ficam azeitados, dando uma ideia de funcionalidade, mesmo que em seus limites de atuação surjam gaps de tempo e de interdependência útil com os demais. Falta pouco para que se estabeleçam as bases sustentáveis ao desenvolvimento brasileiro, a começar pela criação de uma estrutura técnico-educativa dentro do Ministério da Ciência, Tecnologia e Inovações - MCTI, a exemplo de uma **Secretaria de Educação Profissional e Tecnológica, SETEC - MCTI**, capaz de reperspectivar os modos, as orientações e as instruções normativas prestadas aos Institutos Federais de Educação profissional, técnica e tecnológica, começando pelos que atuam no Bioma Amazônico. Resumindo, a criação dos Institutos Federais é a ideia certa, normatizada no lugar errado.

Um professor na Amazônia precisa dedicar no máximo um dia por semana para as atividades docentes em sala de aula e seis dias para se deslocar pelos rios e igarapés, para conviver com as comunidades, com os aspectos científicos presentes nas tecnologias sociais e, por fim, envolver-se com a complexidade da realidade amazônica. Um professor de Instituição Federal de Ensino, na Amazônia, que não usufrui de tempo livre, o mesmo que tempo produtivo, e de meios institucionais para se envolver com a realidade à qual está inserido, ministra suas disciplinas como se estivesse na Bahia, Minas Gerais ou em Porto Alegre. Terá recebido todas as condições para atuar na Amazônia, por anos a fio, sem nunca a ter enxergado. Estará sempre mais predisposto a se envolver com as vivências e com os vínculos afetivos do seu território formativo, resistindo o quanto puder aos hábitos culturais da nova realidade. Um docente para atuar na Amazônia precisa passar, antes de tudo, por um processo de convivência e de desconstrução de alguns aprendizados. A docência na Amazônia é uma prática inversora, ou seja, que exige renovações no modo de pensar.

Outros cuidados que devemos ter é com as propagandas veiculadas pelo agro brasileiro, a exemplo do slogan "Agro é tech, agro é pop, agro é tudo", que não ajuda na preservação do Bioma amazônico, muito pelo contrário, uma vez que exibe imagens de cultivos em grandes propriedades e com o uso de mecanização de ponta. O slogan é realmente importante para o agronegócio brasileiro, no entanto, ajudaria muito se fosse acrescentado da palavra "menos para a Amazônia", a exemplo: "Agro é tech, agro é pop, agro é tudo, menos para a Amazônia". O acréscimo desta expressão vai gerar porquês, e porquês vão demandar mais atenção, que por sua vez demandarão novos olhares. As propagandas supracitadas, acompanhadas com lindas imagens, ajudam a estender o valor cultural do agronegócio, que valoriza muito mais o tamanho da propriedade agropecuária do que o valor do produto da mesma. Também não adianta dizer que o valor da floresta em pé é maior do que retirá-la; e que a Amazônia abriga a maior diversidade do planeta. Em ambos os casos, é preciso dizer mais.

Começo, a partir daqui, a traçar uma série de iniciativas que, se bem implementadas, tanto no estado do Acre quanto nos arredores do Sudoeste Amazônico, podem sustar os desmates nesses territórios durante UM SÉCULO, sem prejuízos para a evolução econômico-social dos seus habitantes. Não há mais dúvidas de que todo o avanço da pecuária atual, uma das economias mais importantes do estado do Acre e arredores, continua acontecendo proporcionalmente ao aumento das áreas desmatadas. A incorporação de tecnologias no setor agropecuário do Estado está quase que inteiramente focada no animal, que são inovações quase que inteiramente criadas fora da Amazônia. O foco na valorização do tamanho da propriedade e não no valor do seu produto, precisa ser mudado. Quais seriam então as tecnologias responsáveis para atrair investimentos no valor da produção e que ao mesmo tempo desestimulem a ampliação dos espaços para a produção dos mesmos? A água para irrigação dos cultivos poderia ser uma delas? Se a resposta for sim, aumentam-se as suspeitas de que a presença de água verificada em futuro não tão distante, nos locais da Amazônia Ocidental, atualmente ocupados para a produção de alimentos, principalmente por pastagens para criação de gado bovino, tenham sido ações emergenciais daquele tempo para mitigar as ações comprometedoras realizadas nos dias atuais.

 Todavia, ainda que seja uma possibilidade, é preciso examinar muitas outras causas. As proposições apresentadas daqui para frente já são alternativas que ajudam a responder os porquês de tanta água represada no estado do Acre, vista no futuro. A escassez de água pelo mundo, devido às mudanças climáticas, estaria atraindo investimentos para que ela fosse represada próximo ao berço das nascentes, como comentado anteriormente? Faz algum sentido para você? Nesse caso, ela poderia estar sendo impedida de voltar ao Oceano Atlântico para ser transportada por meio de condutos às regiões de escassez? Ela poderia estar sendo armazenada durante o período chuvoso, entre os meses de outubro e abril, para estar disponível no período seco?

 Na segunda metade do período seco, que vai de julho a outubro, é que o nível das águas das represas no Sul do

Continente Sul-americano costuma baixar consideravelmente, período em que também aumentam os incêndios no Pantanal mato-grossense, no Centro-oeste, no Sudeste brasileiros e em quase todo o continente Sul-americano. A presença de grandes quantidades de água, vista no futuro, presentes no território acreano, arredores e praticamente em toda a parte Sudoeste da Amazônia, teriam então a finalidade de abastecer o Continente Sul-americano nos períodos de escassez citados? Ela estaria sendo, então, transportada por meio de condutos? A resposta é não necessariamente.

Tentemos lembrar agora de alguns comportamentos atmosféricos comentados anteriormente. Havíamos afirmado que durante os meses de abril a outubro, a zona de baixa pressão se desloca para a faixa equatorial do Hemisfério Norte do Continente Americano, e que boa parte da água vinda da evaporação do Oceano Atlântico é atraída para essa região, dando início, portanto, às precipitações acima da linha do Equador. Sendo assim, a Região Equatorial Sul, abaixo da linha do Equador, deixa de receber a umidade obtida da evaporação do Oceano Atlântico, ficando sem matéria-prima para abastecer a atmosfera, embora continue recebendo grandes quantidades de energia/calor emitida por radiação solar. Resumindo: a região Equatorial Sul, abaixo da linha do Equador, no Sudoeste Amazônico, entre os meses de abril e outubro, fica submetida a um regime de muita energia disponível e de pouca umidade para evaporar. Pensem comigo agora! A presença de tanta água represada em pequenos, médios e grandes corpos d'água, vistos no futuro, no estado do Acre e arredores, teria então o papel de fornecer uma superfície líquida de evaporação, que na presença de muito calor continuaria a abastecer a atmosfera, mesmo num período sem chuvas? A umidade seria então encaminhada para o Sul do Continente Sul-americano não necessariamente por condutos, mas sim pela atmosfera, fornecendo umidade para diminuir a ocorrência de incêndios e abastecer os reservatórios que sofrem com a escassez de chuvas nesse período?

Quais seriam, então, as mudanças proporcionadas com a alteração no padrão de ocupação dos locais que hoje abrigam o cultivo de pastagens para produção de animais bovinos e áreas reflorestadas com os locais que, no futuro, abrigam corpos d'água? Sabe-se que no período de baixas precipitações, entre os meses de abril e outubro, tanto as pastagens quanto as florestas suspendem a transpiração, como providência para evitar a desidratação e a manutenção da vida. Os vegetais só permitem a transpiração quando há água disponível. Algumas espécies deixam cair as folhas para reduzir a perda d'água por transpiração, muitas vezes substituindo-as pela emissão de folhas novas, as quais possuem mecanismos mais ativos de abertura e fechamento dos estômatos, principais mecanismos de controle da transpiração. Embora haja estudos dizendo que a emissão de folhas novas durante o período de escassez de água no solo se dá devido à absorção da água localizada mais profundamente, isso parece ser apenas uma sequência de raciocínio lógico que pode levar a interpretações errôneas. O mecanismo está ligado a se proteger da escassez de água, inicialmente, deixando cair as folhas velhas para que as mesmas cubram o solo e com isso diminua ainda mais a perda d'água do mesmo por evaporação. Produzir fotossíntese a partir da emissão de folhas novas, durante o período de escassez de água, é consequência e não o objetivo principal. A emissão de folhas novas se dá principalmente pelo fato de serem mais tenras e murchar facilmente, produzindo um fechamento mais ativo dos estômatos para não perder água durante o período mais quente do dia.

Sendo assim, como já foi dito antes, tanto as áreas de pastagens quanto as áreas de florestas não podem contribuir com a evaporação de água para abastecer a atmosfera nos períodos cujas precipitações estão ausentes. Portanto, os corpos d'água vistos no futuro podem estar representando uma alternativa de continuidade no transporte de umidade ao Sul do Continente Sul-americano, a exemplo do Sudeste, Centro Oeste e a toda a bacia dos rios Paraná e Paraguai.

Seguindo adiante com o raciocínio: e se as pastagens e outros cultivos alimentares do entorno dos corpos d'água recebessem a irrigação dos mesmos, isso aumentaria o processo de evaporação para a atmosfera? A resposta é um sonoro sim, pois além da evaporação que ocorre normalmente das superfícies dos corpos d'água, teríamos também a evaporação dos vegetais cultivados por intermédio de sua transpiração. Sendo assim, a atmosfera local, mesmo no período seco, estaria sendo abastecida por um processo mais ampliado, ou seja, somando-se a evaporação com a transpiração, constituindo o que se convencionou chamar de evapotranspiração. Podemos inferir também que se o processo de irrigação for por aspersão, muitas partículas minúsculas de água em suspensão, na presença de calor, vão evaporar antes de atingir o solo das áreas de cultivo. Vai ficando cada vez mais claro que a estocagem de água durante o período chuvoso, para ser utilizada durante o período seco, pode ter sido uma providência de gerações futuras para reparar ou mitigar os efeitos das alterações climáticas produzidas por nossa geração, que não goza dos níveis de lucidez e de discernimento suficientes para visualizar os desdobramentos de suas ações no futuro.

De um modo ou de outro, toda a água represada durante o período chuvoso, para ser reencaminhada ao Sul do Continente Sul-americano, durante o período seco, poderá ser utilizada no seu máximo. Fica evidente, também, o aumento na produção de alimentos, senão vejamos: no interior dos corpos d'água, mesmo em período mais curtos, pode-se produzir organismos aquáticos, alimentados em boa parte com produtos e subprodutos cultivados no entorno, gerando renda aos produtores; a produção de cultivos alimentares no entorno, com auxílio da irrigação, combinado com o período de grande insolação, vão aumentar muitas vezes a produtividade agrícola quando comparada com as produções convencionais praticadas atualmente. A pecuária de corte e de leite, diante da disponibilidade de pasto verde durante o período seco, aumentará sua produtividade no mesmo espaço, levando à constatação e à conscientização de que é possível aumentar o valor econômico de sua produção, sem a necessidade de derrubar mais nenhuma árvore, razão que define o viver dignamente para as gerações futuras.

Isso significa que o Sudoeste da Amazônia pode se tornar autossuficiente na produção dos alimentos básicos, não sendo mais necessário importar os gêneros alimentícios como ocorre hoje, que precisam viajar milhares de quilômetros em transportes rodoviários, que são grandes emissores de gases de efeito estufa. Uma outra grande vantagem de se produzir alimentos durante o período seco, por meio da irrigação, é poder transportá-los por meio de ramais, que bem ou mal permitem a trafegabilidade durante o período sem chuvas. Assim os alimentos podem chegar aos centros consumidores em vilas, povoados, sedes urbanas de municípios e pequenas cidades amazônicas, aproveitando o acesso por ramais que se tornarão novamente intrafegáveis assim que chegarem as primeiras chuvas. É preciso, urgentemente, inverter o período de produção dos alimentos básicos, a exemplo do feijão, do arroz, do milho e de outros, para que suas colheitas coincidam com a possibilidade de trafegabilidade por ramais, podendo assim serem transportados, beneficiados, armazenados como estoques reguladores que garantam a disponibilidade para o consumo interno durante todo o ano.

A presença de água vista no futuro, onde hoje existem extensas áreas de pastagens improdutivas, começa a fazer cada vez mais sentido. Muito do que está sendo revelado aqui não fará muito sentido se adotarmos os mesmos conceitos do tempo e do clima atuais para compreender as alterações no futuro. O determinismo climático que nos é imposto neste tempo não será o mesmo do amanhã, pois as gerações no futuro provavelmente estarão controlando algumas variações climáticas e muitas das imposições desse gênero deixarão de existir. Seria então o represamento de águas um mecanismo para mudar a dinâmica atmosférica, visando distribuir melhor as chuvas ao Sul do Continente americano? A estocagem de água vista no futuro no Sudoeste amazônico, local de intensa incidência de raios solares, cujo calor disponível é utilizado na evaporação da mesma, impede que ela retorne ao Oceano Atlântico e permite que ela seja transferida via atmosfera a diversas regiões em momento de escassez. Imaginemos agora os benefícios que serão gerados com a redução da escassez de água, que serve para saciar a sede, reduzir os incêndios, abastecer as represas que dão sustentação aos processos de irrigação e de produção de energia que abastecem as grandes metrópoles ao Sul do Continente Sul-americano! É realmente inimaginável! Definitivamente, não dá para contabilizar! Haveria outros benefícios? As gerações futuras estariam, com essas medidas, interferindo no clima? Como seriam os efeitos atmosféricos por ocasião do encontro entre as massas úmidas, antes inexistentes, entre abril e outubro, com as frentes frias vindas da Antártida? Que tipo de reequilíbrio ocorreria quando tudo isso se associar com El Niño e La Niña, que são fenômenos atmosféricos-oceânicos caracterizados por um aquecimento e um resfriamento anormal das águas superficiais do Oceano Pacífico Tropical? Sabe-se que cada um dos fenômenos, ao seu modo, é capaz de alterar o clima regional e global, e ainda mudar os padrões dos ventos e os regimes de chuva em regiões tropicais e de latitudes médias.

Com o foco na valorização do tamanho da propriedade e não no valor de sua produção, como é feito hoje em dia, a perspectiva de redução do ritmo atual do desmatamento da Amazônia continuará sendo uma incógnita. Qual seria o acréscimo nos desmates da floresta e sua conversão em pastagens, para criação de gado bovino, daqui há pelo menos trezentos e setenta anos (360), tempo em que o estado do Acre estará completando aproximadamente 500 anos, período em que foi visto com muita água represada? Teria sentido conceber, então, que as grandes áreas desmatadas não teriam sido substituídas diretamente por corpos d'água, mas sim para a implantação de pastagens? Sendo assim, é mais provável que os corpos d'água tenham sido introduzidos em substituição às pastagens para criação de animais bovinos e não em substituição às florestas, uma vez que nas áreas das pastagens os raios solares incidem mais próximos ao chão descoberto, depositando nele mais calor, de modo a intensificar a evaporação das águas acumuladas que serão encaminhadas, via atmosfera, ao Sul do Continente Sul-americano.

O aumento da evaporação, devido a presença dos corpos d'água, juntamente com a transpiração dos cultivos do entorno, podem formar nuvens após acessarem as partes mais frias da atmosfera. Portanto, as nuvens nada mais são do que minúsculas partículas de água suspensas em estado líquido, variando do branco ao cinza claro, dispostas em uma grande variedade de formas, sendo que as mais comuns se assemelham ao algodão. Através de um processo de reflexão, uma parte da energia do sol incidente sobre elas volta para o espaço sem ser absorvida ou realizar algum trabalho. A essa capacidade reflexiva denominamos de albedo, que é a percentagem de insolação refletida de volta ao universo. A presença ou ausência de nuvens pode gerar uma diferença de até 75% na quantidade de energia que atinge a superfície, uma vez que as nuvens refletem a energia de entrada. Se parte da energia incidente, emitida pelos raios solares, estiver sendo refletida pelas nuvens, ou seja, impedida de chegar à superfície da terra, podemos estar falando de mais uma alternativa para diminuir o aquecimento global, atualmente em ascensão. Essa pode ser mais uma razão, que se junta às demais, para justificar a presença de corpos d'água que foram vistos no futuro, uma vez que, com a substituição de locais de pastagens por uma superfície liquida, haverá grande absorção de calor pela mesma sem grande variação na temperatura do local. Vai ficando cada vez mais claro que as gerações que nos sucederão serão capazes de criar alternativas de efeitos multidimensionais para mitigar os efeitos climáticos causados pelas ações enevoadas realizadas por nós, no tempo atual.

 Evidentemente que os locais das pastagens substituídas por corpos d'água deixarão de ser utilizados para o pastejo. No entanto, as que ficarão no seu entorno se tornarão mais produtivas, uma vez que receberão a irrigação, assim como os cultivos de arroz, feijão, milho e outros. Os cultivos irrigados, além de aumentarem a produtividade e, por consequência, a produção de alimentos regionais no mesmo espaço, estarão bombeando mais água pelo interior dos seus vasos condutores, liberando-a por meio da transpiração que, por sua vez, vai se somar à evaporação de superfície dos corpos d'água, aumentando assim a água que irá abastecer a atmosfera e produzir os desdobramentos que se sucedem. Desse modo, obtém-se um maior ganho em transferência de água ao Sul do Continente Sul-americano e também na produção de alimentos no entorno dos corpos d'água, inclusive no interior dos mesmos, uma vez que em seu meio podem ser produzidos organismos aquáticos.

Para alcançar um maior êxito em ambas finalidades, é preciso planejar para que, no final do período seco e início das próximas chuvas, de outubro em diante, boa parte da água represada tenha sido utilizada. Nesse intervalo de temporada, os corpos d'água podem ser verificados, consertados, ampliados, prontos para serem reabastecidos com as novas chuvas. Haveria outros benefícios? Provavelmente sim. No entanto, é pouco provável que consigamos enxergá-los neste tempo. A lucidez, o discernimento, a acuidade e muitos outros atributos que compõem o nível de consciência não dão conta de eliminar todos os condicionamentos próprios de cada tempo. De todo modo, alguma coisa mais é possível visualizar, senão vejamos: durante o período chuvoso, que no Sudoeste da Amazônia começa a partir do mês de outubro, boa parte da água das chuvas vai ser imobilizada nesses corpos d'água, evitando assim que a mesma alcance os rios e igarapés de uma só vez. Isso poderia reduzir os alagamentos em áreas urbanas e de comunidades ribeirinhas dos municípios, uma vez que a grande maioria dos habitantes amazônicos se localizam às margens desses cursos d'água. Todos os anos, nos períodos chuvosos, grande parte dos rios da Amazônia alagam cidades ribeirinhas e destroem plantações, principalmente por enxurradas que algumas vezes chegam de modo antecipado ou de modo retardado, surpreendendo essas populações.

Se por um lado a presença de corpos d'água evita o aumento dos fluxos d'água ou enxurradas em direção aos rios e igarapés, por outro podem manter por mais tempo o volume de água dos mesmos durante os períodos secos. Sabe-se que os corpos d'água são ambientes construídos ou apropriados para represar água, mas não necessariamente para mantê-la imobilizada. Em nenhum momento o volume represado permanece estático, pois além das perdas que ocorrem por evaporação, o volume também é perdido por infiltração, alimentando lençóis freáticos e vertentes e, por consequência, mantendo constante, por mais tempo, o volume de água de rios e de igarapés, que costumam secar muito rapidamente nesses períodos de escassez de chuvas. Boa parte da redução do volume dos reservatórios é atribuída à evaporação da superfície, uma vez que durante o período seco há grande disponibilidade de energia, calor, condição que acelera sua efetivação. Além do mais, a atmosfera local se apresenta com baixa umidade relativa, condição imprescindível para intensificação do processo.

Quanta coisa mais estará envolvida nessa opção de represar água, constatada de modo lúcido, em futuro não tão distante no Sudoeste da Amazônia? Apesar dos condicionamentos que ofuscam os atributos de percepção, antecipadores do que está por vir, algo se torna cada vez mais claro: a humanidade caminha no sentido de se tornar cada vez menos dependente dos determinismos climáticos. Seguindo nessa busca, fazendo o caminho de volta, andando de costas, ou seja, do futuro até os dias de hoje, observando as alterações cênicas, usando a metodologia da Engenharia Reversa, redijo a pergunta que não quer calar: o que houve no Sudoeste Amazônico que nos levou a represar tanta água? Vamos adiante e examinaremos a presença d´água e sua relação com a floresta. É preciso ter sempre em mente que o papel da Floresta Amazônica vai muito além das suas relações com as chuvas, mesmo sabendo que as demais dimensões estão diretamente relacionadas a elas. De todo modo, é necessário manter-se no foco água-planta para não se perder nesse emaranhado de complexidade. Nessa relação da floresta com a água, há muita coisa envolvida. Entretanto, o foco será mantido naquela dimensão que mais ajuda na compreensão dos acontecimentos em pauta.

Evidentemente que, durante o período chuvoso, e mais especificamente durante os aguaceiros, as plantas regulam o fluxo de água absorvendo parte dela, seja pelo material orgânico depositado sobre o solo, seja pela absorção das raízes, de modo que a mesma não vá toda de uma vez para os rios e igarapés. Inicialmente, a parte absorvida tem a finalidade de hidratar todo seu organismo vegetal. Nesse caso, é sempre bom lembrar que a água absorvida pelos vegetais, disponível no interior do organismo, não retorna mais para o solo, como se fosse uma caixa d'água que, aos poucos, as plantas pudessem ir devolvendo ao solo a parte absorvida. Depois que os vegetais hidratam seu organismo, praticamente toda a água absorvida é liberada para a atmosfera, com exceção da água utilizada na fotossíntese onde ocorrem a formação de compostos orgânicos que, aliás, é uma porção muito pequena se comparada às quantidades que circulam pelo interior das plantas para atender a outras finalidades. Sabe-se que o sistema radicular ajuda na desaceleração dos fluxos d'água rumo aos rios e igarapés, principalmente durante as enxurradas, contribuindo assim nas infiltrações que alimentam os lençóis freáticos.

Com a suspensão do período chuvoso e a chegada do período seco, os lençóis deixam de ser abastecidos pelas chuvas e passam a receber, por meio das perdas por infiltração, a água que foi represada em corpos d'água. Sendo assim, as nascentes permanecerão ativas por mais tempo, inclusive os volumes dos rios e dos igarapés. Mas, não é só isso! A presença de corpos d'água permite, também, a produção de alimentos por meio da criação de peixes e outros organismos aquáticos; permite também um grande aumento na produtividade dos cultivos do entorno, sejam eles os de consumo direto, a exemplo de arroz, feijão, milho e outros, sejam eles para a criação de animais; a comercialização dos produtos agropecuários cultivados no entorno fica garantida, pois durante o período seco, os ramais permitem o escoamento da produção. Sendo assim, as repercussões que se sucedem são sempre positivas, tanto para a sustentabilidade do ambiente quanto para a produção de alimentos. O esforço concentrado em menores espaços vai gestar uma nova consciência entre os produtores de base familiar da Amazônia, que passarão a investir mais na produtividade, nos pequenos espaços e não mais no tamanho das propriedades, cenário otimizado para um despertar de preservação das florestas. As florestas passarão a ser amadas pelo modo como amamos os animais de estimação. Elas vão sentir a mudança e vão retribuir com qualidade de vida a todos os seus inquilinos, nós inclusive.

Mas de que modo podemos iniciar esse processo? Primeiro, ter o cuidado de não ir de encontro, delimitar, confrontar os sonhos das pessoas que vivem na Amazônia. Essa estratégia nunca produziu resultados satisfatórios. Apesar de todas as limitações impostas pelas instituições, a criação de gado caminha a passos largos, inclusive nas reservas extrativistas do território acreano. Com exceção dos povos indígenas, parece ser indomável o desejo de criar gado bovino. Há todo um aparato cultural, inclusive em letras musicais, que alimenta essa ideia e que atribui um esplendor aos grandes criadores. O desejo de reconhecimento é difícil de mudar, mas é possível que ele seja concebido, visto e sentido de outro modo. Revelou-me um pequeno produtor de gado, no interior de uma Reserva Extrativista do Acre, Amazônia, Brasil, que o gado representa para ele o que a poupança representa para os moradores urbanos. Disse-me ele: quando alguém da minha família fica doente, pode não coincidir com a safra do açaí, da castanha, do patauá, do feijão e, ainda mais, com o ramal transitável. O boi significa esse dinheirinho para mim, pois independente da chuva e das condições do ramal, ele vai andando, se autotransporta, e posso vendê-lo em qualquer lugar. Assim, posso comprar o remédio do meu filho no momento em que ele precisa.

A criação de gado bovino, no Sudoeste da Amazônia, mais especificamente no estado do Acre, Brasil, apresenta uma produtividade muito abaixo dos verdadeiros potenciais disponibilizados pelo ambiente. Exemplificando: uma área de pastagens de vinte hectares (20 ha), em uma unidade produtiva de base familiar, no atual nível tecnológico, apresenta uma capacidade média de abrigar e de alimentar trinta bovinos (30), aproximadamente. Se o desejo de um produtor é produzir dez vezes mais, ou seja, trezentos bovinos (300), ele terá que fazê-lo desmatando mais vinte hectares (20 ha), mais vinte hectares (20 ha), mais vinte hectares (20 ha), mais vinte hectares (20 ha), mais vinte hectares (20 ha), mais vinte hectares (20 ha), mais vinte (20 ha), mais vinte hectares (20 ha), mais vinte hectares (20 ha) e mais vinte hectares de florestas (20 ha). A pergunta que precisa, então, ser respondida é a seguinte: será possível alcançar o desejo de criar trezentas cabeças nos mesmos vinte hectares anteriores, sem a necessidade de derrubar dez vezes mais de florestas? A resposta é SIM, desde que os sonhos não sejam interrompidos por proibições que contradizem a natureza humana e, por consequência, produzem efeitos quase sempre contrários. O prazer de fazer muito com pouco precisa ser valorizado. E o reconhecimento de valorização atribuído aos produtores agropecuários tem que estar associado a um sentimento íntimo de realização dos mesmos.

De todo modo, existem dificuldades em manter trezentas (300) cabeças de gado em um espaço de vinte hectares (20 ha). Mas não será por falta de alimentos aos animais na unidade produtiva, mas pela intensidade do pisoteio nas áreas de pastagens em períodos de grandes precipitações. A divisão da pastagem, em piquetes, poderá solucionar em parte o problema. Outra medida importante é a criação de animais em semiconfinamento, recebendo o alimento nas cocheiras, principalmente nos momentos em que o solo está encharcado, evitando assim a compactação das áreas de pastagem por pisoteio. Vejam que a água está sempre no epicentro dos assuntos aqui abordados. Evidentemente que o corte e o recolhimento do pasto e outros alimentos para serem servidos aos animais vão elevar o custo de produção. No entanto vai aumentar a produtividade das pastagens, o ganho animal, a redução da compactação das pastagens, a adoção de tecnologias e, por consequência, a ampliação de postos de trabalho nas unidades produtivas de base familiar.

Entra aqui uma medida imprescindível que ajuda a inverter a lógica da produção extensiva que é o monitoramento por parte do Estado sobre os benefícios sociais alcançados e o custo ambiental embutido na produção. Propriedades pequenas, com benefícios sociais elevados e com custos ambientais reduzidos, precisam receber maior valorização dos seus produtos. Produções extensivas, de baixa produtividade e de baixo nível tecnológico, podem receber uma desvalorização no valor de seus produtos. Esse é um modo de intervir no modelo amazônico de produção extensiva, disponibilizando alternativas de manutenção de lucros, preservando os potenciais ambientais dessas unidades produtivas. Outro processo que agrega valor aos produtos agropecuários, principalmente em pequenas propriedades, é o não uso de agrotóxicos devido ao equilíbrio do ambiente produtivo com a fauna local, além do conforto animal que se desenvolve em clima otimizado promovido pela presença de florestas e de corpos d'água.

O avanço da criação de gado bovino no Sudoeste Amazônico, com pequenas exceções, continua caracterizado pelo aumento proporcional das áreas de pastagens e quase sempre pelo aumento das áreas desmatadas. O conceito de prestígio e de ostentação que a sociedade confere ao grande produtor, nos dias atuais, está associado ao tamanho da propriedade e não à produtividade e/ou ao valor de sua produção. Isso precisa mudar! O conceito de grande produtor, o glamour dado a ele, o status e o ato de sentir-se importante fazendeiro ou produtor de alimentos precisa estar associado à sustentabilidade, à inexistência de impactos negativos em sua atividade, a um acordo de convivência sadia com a natureza. Uma produção que esteja embasada no incremento tecnológico, na criatividade, na produtividade e num ambiente capaz de dar conforto tanto aos animais de criação, quanto aos silvestres.

Aos que vivem um pouco mais ao futuro, lamentam que nosso conceito de felicidade seja ainda produto da ignorância, da obediência a saberes insuficientes, a baixos níveis de discernimento e a um olhar embaçado. Mas, enfim: os produtores agropecuários do Sudoeste da Amazônia, sejam eles grandes ou de base familiar, dispõem dos meios informacionais e tecnológicos para implementar tais mudanças? Com raras exceções a resposta é um sonoro NÃO. A iniciativa tem que partir de mentes gestoras descondicionadas institucional e academicamente. Mas como fazer para que uma planta se torne cada vez mais produtiva, capaz de realizar os sonhos humanos, sem ter de aumentar a área de produção? A resposta é dar às plantas cultivadas o que elas precisam, para que possam manifestar todo o seu potencial produtivo. E o que elas precisam vai sendo descortinado aos poucos, por isso a produtividade agropecuária pode não ter limites e nunca chegar ao seu clímax.

Produzir alimentos no Sudoeste Amazônico, em especial no estado do Acre, Brasil, no período seco, além das vantagens já comentadas, a exemplo dos ramais que permitem a trafegabilidade, e, portanto, a comercialização da produção, dois elementos potencializadores se fazem presentes: água disponível nos corpos d'água, associada ao céu limpo, ou seja, com grande intensidade luminosa. Sendo assim, a fotossíntese, ou melhor, a produção orgânica está garantida. É importante lembrar que em períodos chuvosos, no Sudoeste Amazônico, entre os meses de outubro e abril, embora haja grande disponibilidade de água por meio das chuvas, o céu fica praticamente encoberto dificultando a radiação luminosa, reduzindo a produtividade vegetal. Então, o que fica faltando mais? É preciso compreender que independentemente da água, do gás carbônico e da radiação solar, as plantas necessitam de mais coisas para manifestar todo o seu potencial. Dito de outro modo, as plantas se alimentam de íons negativos e positivos, sendo os mais importantes os íons nitrogênio, íons fósforo, íons potássio, íons cálcio, íons magnésio, íons enxofre, além do boro, do cloro, do molibdênio, do cobre, do ferro, do zinco, do manganês e do que ainda nem sabemos. Todos os fatores supracitados, combinados, associados à criatividade, ao compromisso com qualquer forma de vida, a região do Sudoeste da Amazônia poderá prestar grandes serviços ao Sul do Continente Sul-americano e sabe-se lá a quantos mais. Sendo assim, dirigidos por autoconscientização, é plenamente possível sustar, em definitivo, a necessidade de derrubar mais florestas.

Dentre os nutrientes tidos como imprescindíveis à alimentação das plantas cultivadas, para que elas possam expressar todo seu potencial produtivo, o de maior expressividade é o nitrogênio (N). Este pode ser obtido diretamente da atmosfera, em parceria com organismos nitrificadores. A atmosfera detém em sua composição setenta e oito por cento (78%) de nitrogênio. Esse elemento, associado ao carbono (C), ao oxigênio (O2) ao hidrogênio (H) e ao enxofre (S) formam juntos toda a estrutura dos aminoácidos que são a base das proteínas e, portanto, a base da alimentação humana e animal. Fica claro a importância de mantermos a atmosfera no epicentro das proposições aqui apresentadas, uma vez que os elementos supracitados podem ser fornecidos por ela, alguns por intermédio da água, que também é parte dela. Não significa dizer que os solos são menos importantes do que a atmosfera, uma vez que são eles os responsáveis por fornecer os demais nutrientes, além de criar as condições para que organismos, a exemplo de bactérias, fungos e outros, possam se associar às plantas cultivadas para capturar o nitrogênio da atmosfera, e fornecê-lo a elas. Dentre as espécies, as leguminosas parecem estar mais adaptadas a estabelecer esse tipo de associação com organismos, recebendo dos mesmos o nitrogênio capturado do ar em troca de abrigo e seiva alimentar.

    Os programas governamentais precisam discutir e implementar a infraestrutura necessária para que os alimentos de plantas, a exemplo dos macros e micronutrientes, citados anteriormente, além do calcário, cheguem aos produtores agropecuários, principalmente aos que habitam o Sudoeste Amazônico. Qual seria então a malha viária para que esses insumos cheguem aos locais de produção a preços acessíveis? A resposta parece clara! Utilizando os rios e igarapés durante os meses mais chuvosos, a exemplo de dezembro, janeiro e fevereiro quando os volumes d'água são mais expressivos abaixo da linha do Equador. Pode-se chegar ao território acreano pelas bacias dos rios Juruá e Purus. As demais localidades produtivas do Sudoeste amazônico podem ser acessadas, mais ao Norte pelo rio Ucayali e seus tributários; e mais ao Sul pelo rio Madeira e seu principal tributário o rio Madre de Dios. Uma infraestrutura de portos e de balsas seriam suficientes para implementar a operacionalização do processo. Os custos, por mais elevados que possam parecer, são na verdade insignificantes quando comparados aos benefícios.

Quanto poderia valer uma atividade capaz de reduzir a possibilidade de incêndios no Sudeste, no Centro Oeste e no Pantanal brasileiros? Quanto poderia valer o abastecimento dos reservatórios de água no Sul do Continente Sul-americano? Quanto poderia valer cada um dos seus desdobramentos no decorrer do tempo? Quanto poderia valer o Sudoeste amazônico tornar-se autossuficiente na produção de alimentos básicos, não tendo mais a necessidade de importá-los do Sul do Brasil ou de outros Biomas? Os solos do Sudoeste amazônico são, de modo geral, muito diversificados, além de ácidos e de baixa fertilidade natural. O solo onde são cultivados os produtos alimentares básicos, a exemplo da mandioca, do milho, do feijão, do arroz e também das pastagens para criação de animais, esgotam-se rapidamente após duas ou três safras. Diante desse fato, que é sentido por todos os produtores agropecuários, recorre-se a novas áreas em busca de fertilidade, sendo a única opção disponível, visível e alcançável, é derrubar mais um pedaço da floresta. Quando esse novo pedaço de terra também esgotar sua fertilidade, mais uma porção de floresta é sacrificada e assim sucessivamente.

Observa-se, a partir desse comportamento, que as áreas desmatadas na Amazônia aumentam progressivamente ano a ano, em busca de fertilidade para manter uma produção praticamente constante. Não há como sustar esse hábito dos produtores agropecuários sem oferecer-lhes uma alternativa que lhes permita produzir sempre no mesmo espaço, com mais produção, com menos sacrifícios e com mais qualidade de vida. O conceito de grande produtor, fazendeiro, nome que lhes dá prestigio, status e reconhecimento social, arraigado na sociedade brasileira, sabe-se lá também em boa parte da cultura Sul-americana, é dado àquele que detém em seu poder grandes propriedades e/ ou áreas de cultivo, seja na agricultura, seja na pecuária. Uma das maneiras mais duradouras e definitivas de gestar mudanças é desconceituar e reconceituar o modo como um produtor agropecuário, especialmente o da Amazônia, se sente importante e como a sociedade o enxerga e o valoriza. O Bioma amazônico precisa ser administrado por gestores esclarecidos e capazes de mudar conceitos, pois, com raras exceções, é pouco provável que alguém continue a se sentir importante no modo de proceder, se os outros já não o veem mais assim.

Diante de muito sol e de muita água represada, disponíveis entre os meses de abril e outubro, associados à disponibilidade de fertilizantes e corretivos, que são alimentos de plantas, produções cada vez maiores em espaços cada vez menores, serão obtidas. Penso que, se houver incentivos para reduzir o tamanho das grandes propriedades, orientados por uma gestão comprometida, o equilíbrio e a conscientização serão alcançados assim que oitenta por cento (80%) da floresta natural de cada unidade produtiva na Amazônia sejam vistos e considerados como "espaços de estimação". Se houver investimentos tecnológicos em insumos, equipamentos e espécies do Bioma e/ou adaptadas a ele, nos espaços degradados, hoje exauridos de fertilidade natural, o estado do Acre, Amazônia, Brasil poderá sustar por um século a necessidade de derrubar árvores no interior do seu território. Isso tudo sem comprometer seu crescimento e desenvolvimento.

Figura 7. Macronutrientes extraídos do solo, incorporados aos produtos cana-de-açúcar, milho e mandioca e retirados do agroecossistema por ocasião das colheitas dos mesmos.

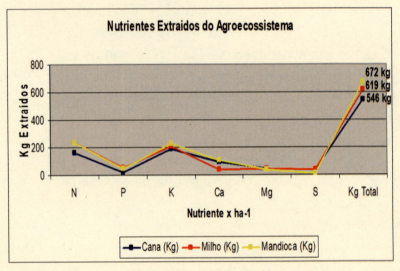

Fonte: Salla e Cabello (2006)

Para que isso se concretize, é preciso fornecer aos vegetais de cultivos alimentares os nutrientes que eles precisam para que possam manifestar todo o seu potencial produtivo, sejam forrageiras para alimentação animal, seja um cultivo de feijão, de mandioca, de cana-de-açúcar, de milho, entre outros. Acontece que toda vez que é realizada uma colheita, muitos nutrientes são retirados do solo cultivado, pois estão incorporados ao produto colhido. Na Figura 7, é possível constatar a quantidade de nutrientes que são extraídos de um solo cultivado com cana-de-açúcar, milho e mandioca. É possível constatar que, em um hectare de mandioca, ou seja, em uma área medindo cem metros por cem metros (100m x 100m) são extraídos 672 kg de nutrientes do solo, somando-se o nitrogênio (N), o fósforo (P), o potássio (K), o cálcio (Ca), o magnésio (mg) e o enxofre (S). Do mesmo modo, em um hectare de milho e de cana-de-açúcar são extraídos 619 kg e 546 kg de nutrientes, respectivamente. Na colheita de uma tonelada por hectare (1t/ha) de grãos de feijão removem-se aproximadamente quarenta quilogramas (40 kg), entre cálcio (Ca^{2+}), magnésio (Mg^{2+}) e potássio ($K+$). A retirada desses três elementos causa acidificação do solo, reduz a atividade dos organismos decompositores da matéria orgânica e dificulta a fixação de nitrogênio da atmosfera pelas espécies leguminosas.

    Os quantitativos apresentados são característicos de unidades produtivas de base familiar, onde os produtores agropecuários costumam, por ocasião da colheita, aproveitar todas as partes da planta cultivada, por exemplo: por ocasião da colheita da mandioca, a parte aérea também é aproveitada para produção de rações, inclusive as hastes que podem ser usadas também como mudas para novos cultivos. Nesse caso, o produtor aproveita tanto as raízes quanto a parte aérea da planta. Com relação ao milho, quando somente as espigas ou os grãos são colhidos, deixando os restos culturais para serem decompostos nos locais de cultivo, a exemplo de palhas, folhas e hastes, os nutrientes contidos nesta palhada serão devolvidos ao solo. No entanto, quando os produtores colhem toda a planta, principalmente para fins de ensilagem ou para a alimentação direta de animais, as quantidades retiradas do solo são realmente aquelas apresentadas na pesquisa. No caso da cana-de-açúcar, o costume é sempre colher toda a planta, seja para alimentação animal, para produção de açúcar mascavo, para produção de etanol.

Diante dos dados fornecidos pela pesquisa, fica evidente que depois de duas ou três safras cultivadas em um mesmo local, sem a devida reposição dos nutrientes retirados do solo, extraídos por ocasião das colheitas, os sinais de esgotamento da fertilidade natural se tornam visíveis. À medida que as plantas vão dando sinais de perda de vigor e de produção, a alternativa mais econômica, alcançável ou disponível aos produtores agropecuários amazônicos, para garantir pelo menos a mesma produção, é derrubar mais um pedaço de florestas em busca de fertilidade. Ou seja, em busca de locais onde tem comida para alimentar suas plantas cultivadas. Isso nos leva a pensar que é necessário criar uma infraestrutura para o transporte de insumos, a exemplo de fertilizantes e corretivos, de modo que os mesmos cheguem às pequenas propriedades, permitindo que as mesmas possam produzir sempre no mesmo lugar, desestimulando assim os investimentos embasados na ampliação das áreas produtivas. Do mesmo modo, é importante que a infraestrutura implementada para o transporte de insumos agropecuários seja também utilizada para o transporte dos produtos colhidos nessas mesmas unidades de produção. Preferencialmente escoados aos centros consumidores locais dos municípios amazônicos.

Onde seriam encontrados, então, os fertilizantes e os corretivos necessários para chegarem a essas unidades produtivas espalhadas pelo Sudoeste Amazônico, região onde foram vistos os corpos d'água? Em relação aos corretivos do solo, a exemplo do calcário, ele pode ser encontrado no município de Manacapuru, estado do Amazonas, Brasil. O município de Manacapuru está situado à margem esquerda do rio Solimões, na confluência deste com o rio Manacapuru, a Sudoeste da capital do Amazonas. Para que esses corretivos cheguem ao estado do Acre, o caminho mais curto é pelo rio Purus que desemboca no rio Amazonas já perto da confluência com o rio Manacapuru. Pela Bacia Hidrográfica do rio Juruá, os corretivos podem chegar aos municípios de Tarauacá, Cruzeiro do Sul, Mâncio Lima, Rodrigues Alves, Porto Walter e Marechal Thaumaturgo, no estado do Acre. E, para que possam chegar a outras regiões do Sudoeste Amazônico, podem ser transportados pelos rios Madeira, e Madre de Dios que é um dos seus tributários. Este, por sinal, circula entre o estado do Acre e os Andes peruanos no Departamento de Madre de Dios. Para outras regiões do Sudoeste Amazônico, os insumos podem chegar pelo rio Ucayali, que circula em território peruano entre o estado do Acre e os Andes no Departamento de Ucayali. O transporte dos corretivos do solo e também dos fertilizantes importados podem ser conduzidos pelos mesmos caminhos. O transporte por balsas, pelos rios supramencionados, diminui muito o custo desses insumos até o destino final.

Evidentemente que devem existir muitos outros locais na Amazônia escondendo jazidas de calcário e de fertilizantes. Na longa parede dos Andes peruanos voltada para a Floresta Amazônica, praticamente inexplorada, deve haver grandes potenciais de nutrientes e de corretivos que poderiam suprir as deficiências dos solos cultivados da Amazônia, ajudando a diminuir a necessidade de sacrificar florestas.

Ao serem criadas as condições de infraestrutura para o transporte de insumos e de produtos, seja por investimentos públicos ou privados, acompanhadas por orientações educativas de base técnica e tecnológica que respeitem os arranjos produtivos desenvolvidos por culturas locais, estarão dadas as condições para uma condução responsável do Bioma amazônico. Trabalhar o mais próximo possível de casa, sempre no mesmo espaço, tornando-o cada vez mais produtivo, vai criar um ambiente mais propício e otimizado para emergir uma nova consciência de produtores agropecuários, onde o conceito de bem-sucedido vai ser o valor econômico, social e ambiental da produção e não mais o tamanho da propriedade. Para que isso se consolide, é necessário mudar o modo como o status é sentido por ele e também como e atribuído a ele pela sociedade. O valor não deve mais ser dado ao detentor de grandes extensões de terras ou de pastagens, mas sim àquela unidade de produção delimitada e diversificada, cercada de áreas naturais preservadas, cuidadas e valoradas.

As mudanças progressivas que vão ser experimentadas pelos produtores agropecuários no modo de caminhar, de olhar, de se realizar e de se sentir realizados e reconhecidos pela comunidade externa, vai desencadear a necessidade de redimensionar o tamanho das propriedades agropecuárias na Amazônia para pequenas e médias. Além do mais, os espaços naturais não podem mais continuar sendo preservados somente por imposição de legislação, pois na maioria das vezes não é respeitada. Mas preservados por conscientização, entendimento e prazer em manter o estabelecido pelo Código Florestal, referente a oitenta por cento (80%) da propriedade em área de preservação permanente. E as florestas naturais preservadas, designadas como "espaços de estimação". Os novos arranjos vão estabelecer equilíbrios mais estáveis e duradouros, por estarem inseridos no mesmo contexto: áreas cultivadas, a flora e fauna nativas, dispensando assim qualquer necessidade de controles externos, a exemplo do uso de agrotóxicos.

Os produtores residentes em áreas interligadas por ramais costumam cultivar plantas alimentares nos períodos chuvosos, justamente no momento em que os ramais estão intransitáveis para a comercialização dos seus produtos. Esse também é um fator desmotivador para a produção de alimentos básicos, a exemplo do feijão, do arroz, do milho entre outros. Portanto, a presença de corpos d'água, vistos de um futuro não tão distante, podem estar sinalizando para a possibilidade de mudanças no padrão de uso da terra nas unidades produtivas da Amazônia. Apresentam-se como uma alternativa para a produção de alimentos em períodos que não chove, aproveitando as condições de trafegabilidade dos ramais para a comercialização dos produtos. A disponibilidade de água armazenada, durante o período que não chove, pode reverter esse comportamento e estender ou ampliar o período produtivo. Atualmente, os circuitos locais e regionais de produção e consumo não produzem o suficiente e não apresentam regularidade no fornecimento de produtos alimentares, atraindo assim as redes de supermercados que abastecem os centros urbanos dos municípios amazônicos, com produtos mais baratos do que aqueles produzidos regionalmente. Um dos comprovantes desse comportamento é o fato dos produtos encontrados nos supermercados de grandes capitais brasileiras serem praticamente os mesmos encontrados em supermercados no interior da Amazônia brasileira.

É provável que os depósitos de águas da chuva, vistos no futuro, mantidos e recarregados a cada período chuvoso, nos meses de outubro a abril, no Sudoeste amazônico, sejam providências organizadas por gerações daquele tempo para provisionar esse recurso, e garantir os desdobramentos necessários à manutenção do equilíbrio do clima, à produção sustentável e à homeostase planetária. Os custos nos investimentos para que isso seja alcançado são praticamente insignificantes diante dos benefícios gerados, embora ainda difíceis de serem contabilizados ou visualizados em sua plenitude. Então, diante dessa possibilidade, o Sudoeste Amazônico poderia se tornar uma região produtora de alimentos, alicerçada em uma outra configuração? Mas se as águas, em algumas regiões produtivas do planeta, se tornarem escassas, como apontado por alguns estudos atuais, devido às mudanças climáticas, o Sudoeste amazônico seria então uma alternativa encontrada pelas gerações futuras para produzir alimentos e com isso socorrer outros locais do planeta? Algumas vezes isso tudo me parece um absurdo, no entanto, algumas percepções e frequentes insights me obrigam a prosseguir. Provavelmente, o cérebro físico tenha filtrado muito do que presenciei nessas jornadas, cujos registros podem estar armazenados em algum outro lugar, fora da memória usual consciente, mantendo-me de algum modo conectado, ativo e predisposto a seguir adiante.

Se analisarmos com um pouco mais de atenção, perceberemos que existe um grande espectro de interdependências envolvido nas atividades, que inicialmente parecem estar desconectadas, senão vejamos: se o objetivo principal do aprovisionamento de água nas regiões do Sudoeste Amazônico, em corpos d'água dispostos a céu aberto, for a utilização da água para fins de abastecimento da atmosfera durante o período seco, o fato de cultivar espécies alimentares de curta duração, a exemplo do arroz, do feijão e do milho, torna-se um procedimento que potencializa o abastecimento atmosférico por meio da transpiração das espécies que recebem água, e que se soma à evaporação que ocorre na lâmina d'água. Dito de outro modo, esses vegetais, além de produzirem alimentos, estão bombeando água para a atmosfera por meio da transpiração, devido estarem permanentemente sendo hidratados pela irrigação, dando assim continuidade ao processo de transpiração que a floresta deixou de realizar, uma vez que, nesse período, ela está sendo impedida de fazê-lo devido à falta de chuvas.

Deduções dessa natureza vão deixando cada vez mais claro que o aprovisionamento de água, em corpos d'água a céu aberto, associado à produção de alimentos, principalmente em período sem chuva, promove uma diversificação de resultados positivos. Vejamos em resumo: ocorrência de evaporação da superfície dos corpos d'água e transpiração dos vegetais cultivados, que juntos vão abastecer a atmosfera nos momentos em que o solo e a floresta não dispõem de água para fazê-lo, devido ao período sem chuvas; mesmo durante o período sem chuvas, a produção de alimentos permanece contínua e intensificada, uma vez que os cultivos alimentares recebem água por irrigação, em período de muito sol, potencializando a produção orgânica por meio da fotossíntese; a produção de alimentos também pode ser obtida de organismos aquáticos, criados no interior dos corpos d'água; as perdas de volume dos corpos d'água por infiltração, vão abastecer os lençóis freáticos e ativar vertentes, diminuindo a possibilidade de reduções drásticas nos volumes de rios e igarapés; o armazenamento de parte da água vinda de aguaceiros ou enxurradas, impede que ocorram variações bruscas nos volumes de rios e igarapés, evitando que ela chegue toda de uma vez a eles, reduzindo assim a probabilidade de enchentes nas cidades ribeirinhas, que estraga mobiliários e destrói plantações. Os corpos d'água seriam, então, reguladores de volume dos rios e igarapés que viajam pelo interior da Amazônia tanto durante o período das cheias, quanto durante o período das secas?

Incluindo mais algumas observações sobre a Amazônia, pode-se afirmar que são inúmeras as causas que movem os interesses na criação de gado bovino, em detrimento ao cultivo de outros produtos alimentares. Uma delas é o custo do combustível no transporte dos mesmos. O boi é uma mercadoria que se autotransporta, em qualquer momento, independentemente de períodos chuvosos ou secos. Isso, por si só, faz enorme diferença na escolha das atividades agropecuárias de maior retorno, de menor investimento e de menor esforço. As produções ribeirinhas de milho, mandioca, feijão, bananas e outras, não podem ser transportadas pelos rios e igarapés, de modo individual, pois os custos com combustíveis no interior da Amazônia são maiores do que o faturamento dos produtos comercializados. Esse fato obriga os produtores agropecuários a produzirem os alimentos de origem vegetal somente para o sustento. A alternativa mais viável, proporcionada pelos últimos avanços tecnológicos, diz respeito ao uso de motores elétricos. Sendo assim, os produtores ribeirinhos da Amazônia poderiam equipar suas embarcações com placas solares na cobertura das mesmas, tornando-as capazes de produzir a própria energia para acionar os motores elétricos diretamente, ou com uso de acumuladores para viagens noturnas e dias nublados.

    Falando em alternativas que desaceleram a derrubada de florestas na Amazônia brasileira, pode-se citar o projeto Créditos de Carbono, onde os produtores mantêm a floresta intocada e recebem por isso um percentual relativo à quantidade de carbono que foi sequestrado pelas plantas e/ou estocado por elas durante determinado período. Evidentemente que essa alternativa incentiva os produtores agropecuários da Amazônia a preservar suas florestas para que elas estoquem carbono e lhes dê retornos financeiros.

No entanto, há um lado sombrio nessa proposição, uma vez que os compradores do carbono estocado ou sequestrado pelas florestas adquirem o direito de poluir em suas atividades industriais, independentemente da região planetária em que elas se encontram. Essa relação que, por um lado cria uma alternativa para a preservação da floresta, por outro expede alvará legalizando as indústrias a continuar poluindo. Além do mais, se o compromisso de estocar carbono exige manter a floresta intocada, isso vai interromper uma relação estabelecida multimilenarmente dos seus habitantes com esse espaço.

As últimas concepções sobre políticas ambientais referentes a créditos de carbono, em áreas protegidas da Amazônia, começam a ganhar contornos econômicos. Estamos diante de um processo de Colonização Florestal, que destrói conhecimentos, saberes e tradições dos povos da floresta. O Capital, ao atribuir valor econômico aos serviços ambientais, que naturalmente já são realizados pela floresta, tornando possível negociá-los no mercado em troca de direitos, inclusive o de poluir, converte relações multisseculares em valores que nunca existiram no Bioma Amazônico. Ou seja, estamos propondo a substituição gradual do modo de vida dessas populações por uma visão externa que negligencia e promove a invisibilização da cultura e o apagamento de seus saberes. O capital, usando uma linguagem econômica de ganhos fáceis, vai facilmente persuadir os habitantes sobre as vantagens de se obter ganhos econômicos dos serviços ambientais, principalmente por não envolver qualquer esforço comunitário.

Ao adotarem a nova proposição, os habitantes da floresta vão deslocar sua atenção ao novo proposito, que é o de vender o carbono fixado pela floresta existente em sua propriedade. Com a venda do novo produto, sem que tenha que fazer esforço algum, diminui gradualmente a necessidade de interação com seu espaço, dando início assim ao apagamento e a ocultação gradual dos saberes histórico-culturais existentes e não assimilados pela nova proposição. Instalado o processo de monitoramento das espécies para avaliar os quantitativos de carbono fixado, vai se legitimando o conhecimento introduzido e negando o conhecimento existente. Não podemos esquecer que foi o modo de convivência dos povos da floresta com esse espaço que permitiu preservá-la até hoje. Em pouco tempo, as gerações que se sucedem já não poderão desfrutar do recurso florestal para construção de sua moradia, e nem mesmo para confeccionar embarcações para seu transporte. Abstraídos de sua história, já não fará mais sentido nem mesmo saber qual a espécie de madeira pode ser usada para fazer sua própria residência ou sua própria canoa. Quanto a essa última, o mercado lhe oferecerá uma de alumínio.

Epistemicídio é o neologismo que traduz as consequências de se converter serviços ambientais de áreas protegidas em moeda de troca. Essa nova investida na Amazônia nos leva a uma reflexão. Responda você mesmo: antes do investidor propor a compra de créditos de carbono de florestas protegidas da Amazônia, não havia fixação de carbono por elas? Se o investidor deixar de comprar créditos de carbono das floretas protegidas da Amazônia, elas deixarão de fixá-lo? Se o investidor pagar pela fixação de carbono de uma determinada floresta, sendo o carbono a própria estrutura física da mesma, ele pode reivindicar essa floresta, no futuro, como sendo de sua propriedade? Com o enfraquecimento do vínculo dos povos com o seu modo de uso da terra, com o apagamento dos relacionamentos com ela, chega-se à conclusão de que a presença dos habitantes já não é mais necessária para que a floresta continue os serviços ambientais convenientes aos seus novos proprietários, uma vez que a fixação de carbono independe da presença humana. A partir dessa percepção, fica fácil sugerir a retirada dos habitantes do seu meio, uma vez que não há mais razão para viver nela. Sendo assim, a Floresta Amazônica, na ausência do humano, teria caminho livre para ser usada por seus novos proprietários para outras finalidades? Espero que o oportunismo humano também não inclua os serviços ambientais realizados pela atmosfera que, incansavelmente, durante milênios, transporta água do Oceano Atlântico para o interior da Amazônia, abastecendo-a sem nenhum pagamento em "créditos de água transportada". Os corpos d'água vistos no futuro, onde hoje existem florestas e pastagens, seriam também medidos e cobrados?

 Dando continuidade às diversas alternativas descritas até aqui e que se somam aos estoques de água, vistos no futuro, no Sudoeste amazônico, quando utilizadas de modo associado, permitem que produtos agropecuários sejam obtidos em pequenas unidades produtivas, preservando assim grandes espaços para as florestas nativas. Nesse sentido, aproveito para fazer outras indagações ou proposições para essa parte do território amazônico. A energia produzida nos pequenos aglomerados humanos, no interior da Amazônia, com raras exceções, é obtida em geradores movidos a óleo diesel. De todo modo, já é possível encontrar, em algumas comunidades de municípios amazônicos, a substituição dos motores a óleo diesel por placas solares. O salto qualitativo é inquestionável, entretanto, existem alternativas ainda mais impactantes. Sabe-se que a esmagadora maioria dos municípios e comunidades, pelo menos do Sudoeste amazônico, localizam-se nas margens de rios e igarapés que são suas mais importantes vias de acesso. Os rios e igarapés amazônicos costumam alterar seus trajetos constantemente, seja quebrando barrancos de um lado e transportando sedimentos para o outro e vice-versa. Nos períodos chuvosos, árvores são arrastadas, transportadas e depositadas no leito e nas margens ao longo dos seus trajetos, sendo vistas nos períodos secos quando as águas baixam deixando-as visíveis.

A presença de troncos, galhos e tudo mais, seja no leito seja nas margens, dificulta em muito a navegabilidade das embarcações, independentemente se pequenas, médias ou grandes. Com o passar do tempo, algumas dessas tronqueiras, antes de se decomporem, vão sendo invadidas pelo elemento químico silício, abundante no solo, o maior responsável pela petrificação dos mesmos. Outras, no entanto, estando submersas, vão decompor na ausência de oxigênio e produzindo gás metano - CH_4, que, ao atingir a atmosfera, sua molécula é capaz de reter vinte vezes mais o calor que seria dissipado para o espaço do que o gás carbônico - CO_2, aumentando assim vinte vezes mais o aquecimento global. Diante dessas informações, já é possível compreender que, apesar dos avanços proporcionados pela substituição do óleo diesel por placas solares, existe uma terceira alternativa que produz avanços ainda mais sustentáveis, senão vejamos: por ocasião do período seco, que se inicia em abril e se estende até outubro, os gestores dessas localidades mais isoladas, podem planejar a retirada dessa madeira, que fica disponível na praia e no leito dos rios e igarapés, de modo a desobstruir o acesso. Podem transportá-las em pequenas embarcações até um local onde serão queimadas em pequenas caldeiras, gerando eletricidade para as comunidades ribeirinhas.

Produzir energia limpa, por meio de caldeiras, para abastecer as comunidades ribeirinhas da Amazônia é iniciativa que, além de não exigir mão de obra qualificada, é de grande alcance e de profundo comprometimento com o equilíbrio do planeta. A primeira etapa do processo de produção de energia elétrica, por meio de caldeiras, consiste no aquecimento da água presente no interior das mesmas, gerando vapor. Logo depois, esse vapor munido de alta pressão é utilizado para fazer girar as pás de turbinas que estão acopladas a equipamentos geradores de energia. Por fim, o vapor retorna ao estado líquido e o processo é realizado novamente, formando assim um ciclo de geração de energia. O aquecimento da água no interior das caldeiras é produzido pela queima da lenha retirada do leito dos rios e igarapés, que obstrui a navegação de embarcações utilizadas no dia a dia pelos povos ribeirinhos. Além dos benefícios já citados, que por si só justificam os investimentos, a atividade gera postos de trabalho identificados com as habilidades e com os saberes regionais.

Percebe-se até aqui as múltiplas utilidades da água no Bioma amazônico. A diversidade de espécies florestais é apenas uma dimensão entre milhares de outras. A própria Floresta Tropical é um produto da água, que é produto das chuvas, que por sua vez é produto da evaporação dos oceanos, especialmente do Oceano Atlântico na Zona Equatorial. A floresta se estabeleceu na Amazônia por ser um ambiente que tem disponibilidade de água, que por sua vez é um produto das chuvas. É sempre bom lembrar que esse processo não é contínuo, pois entre os meses de abril a outubro as florestas localizadas abaixo da linha do Equador sofrem pela falta de água e sua função de distribuição de umidade para o sul do Continente Sul-americano fica interrompida. Guardar a água em diversificados ambientes, que chega em abundância no Sudoeste amazônico, durante o período chuvoso nos meses de outubro a abril, como constatado no futuro, parece fazer muito sentido quando se trata das repercussões "encadeia" que esse processo alimenta.

Se tudo que foi dito até aqui, mesmo diante da incapacidade de fundamentar e justificar, for capaz de trazer um sentimento de que há uma verdade em nosso íntimo, até mesmo por razões que desconhecemos, a necessidade de guardar a água que recebemos da evaporação dos mares, transportada gratuitamente até nós pela atmosfera, é algo que precisa ser melhor aproveitado. Sinto que há mais razões para guardar água no Sudoeste amazônico, desdobramentos que só o tempo será capaz de elucidar. Um dos caminhos mais rápidos para acessar as informações e as razões que nos faltam é nos descondicionarmos, mantendo-nos despertos para os insights e para as parapercepções.

As informações coletadas no futuro são sutis e efêmeras, descartadas facilmente pelo filtro do nosso cérebro físico. Para ele, o cérebro físico, onde não há correspondência com a visão atual não há verdade, só devaneios.

Em mais de 40 anos andando pelo Sudoeste amazônico, mais especificamente pelo interior do estado do Acre, Brasil, comecei a perceber um despovoamento de jovens nas zonas rurais. Em décadas passadas, a falta de escolas ao longo de ramais e de igarapés tinha sido apontada como uma das causas mais prováveis dessa evasão florestal. Nos dias atuais, entretanto, a causa parece ter mudado, uma vez que existem muitas escolas abandonadas, quase sempre pelas mesmas razões: a primeira, pelo baixo número de alunos e, a segunda, pelos professores que não permanecem por muito tempo nessas escolas. Em viagem recente pelo Rio Macauã, tributário do rio Iaco que banha a cidade de Sena Madureira, no estado do Acre, Brasil, pude constatar que o nível tecnológico vem ocupando esses espaços e, aos poucos, vem acelerando o acesso à informação dessas populações, a exemplo das placas solares que permitem o uso de celulares com internet via satélite, além de alguns outros benefícios como o uso de bombas d'água e de geladeiras para conservação dos alimentos. Não estaria na hora, então, de estabelecer uma política motivacional de retorno desses jovens, uma vez que há grandes descontentamentos pela falta de trabalho no meio urbano, altos preços de moradia, estresse, violência, forte competitividade?

Investimento só nos estudos, associado a um sucesso cada vez menos alcançável, sem vislumbrar a recompensa esperada, são fatores que, associados a outros, levam os jovens à depressão, ao suicídio, entre outros. Nos dias atuais, muitos jovens enfrentam uma série de obstáculos, pois não encontram mais as mesmas oportunidades que tiveram as gerações anteriores. Voltar para o interior da floresta, estudar de modo não presencial, praticando os conhecimentos adquiridos em sua unidade produtiva, ajuda a resgatar a dignidade, a motivação e a cidadania agroflorestal que perderam ao se mudarem para o meio urbano. Para que isso aconteça, os cursos profissionalizantes precisam atuar também por meio da educação à distância, hoje plenamente possível diante do avanço tecnológico. É preciso lembrar que retornar ao interior da Amazônia já não significa mais viver em isolamento. Associado a uma infraestrutura de insumos, principalmente aqueles que não estão disponíveis no ambiente, como já comentado, as populações do Sudoeste amazônico podem viver mais dignamente, produzir cada vez mais em espaços cada vez menores, sem a necessidade de ampliação das áreas cultivadas, reduzindo a dependência de recursos externos, principalmente alimentares. Além do mais, as unidades produtivas de base familiar na Amazônia, ao modo como estão sendo sugeridas, podem se converter em ecossistemas para que pessoas de terceira idade possam continuar ativas, produtivas e vivendo com mais dignidade. As pessoas que se aposentam no interior da Amazônia tendem a morar nos meios urbanos, em pequenas vilas e cidades, assim como ocorre com os jovens, para atuar como vendedores ambulantes, tornando-se pessoas infelizes e estressadas.

O cultivo de espécies florestais, pode tornar-se uma atividade importante para ser implementada nas unidades produtivas de base familiar na Amazônia, para suprir às necessidades locais de infraestrutura, a exemplo de moradias, cercas, pequenas embarcações, móveis, galpões para processamento, instalações para criatórios de pequenos animais etc. Pode também significar uma fonte de renda extra no comércio de produtos madeiráveis, não madeiráveis e derivados, bem como a venda de madeira para atender a uma demanda específica do mercado, em conformidade com as leis vigentes, de modo a diminuir a pressão sobre as espécies florestais nativas do Bioma. É preciso rever e superar esse olhar imediatista que habita em nós, imigrantes amazônicos, que adquirem prestigio rápido por meio da substituição de florestas por pastagens extensivas, onde os investimentos em capital são baixos e, portanto, atrativos, e onde os custos ambientais são incalculáveis, invisíveis e desconsiderados. Essa prática tem influenciado as novas gerações a fazerem o mesmo. Lutar contra os sonhos, como dito anteriormente, não tem sido uma estratégia produtiva para desacelerar os desmatamentos na Amazônia, no entanto, outros sonhos podem ser criados no sentido de deslocar o foco das pretensões individuais em benefícios coletivos. É preciso ter em mente que a sustentabilidade é uma caminhada que depende do aguçamento do discernimento, da lucidez e da acuidade individual e grupal. Ou seja, ela nunca chega a sua plenitude, precisa estar sempre sendo verificada e revisada à medida que os atributos conscienciais sejam alcançados.

O cultivo de espécies florestais de maior densidade, preferencialmente as mais nobres, nas unidades produtivas de base familiar amazônicas, permite que essa madeira seja comercializada nacionalmente ou no exterior, adquiridas principalmente por aqueles que operam atividades industriais poluidoras. Além do mais, essas indústrias ou empresas precisam se comprometer com o destino dessa madeira, a exemplo da confecção de artefatos duráveis, permanentes e úteis como cadeiras, mesas, armários, assoalhos, forros e paredes habitacionais, instrumentos musicais entre outros. Esse mecanismo permite que o carbono estocado nos artefatos produzidos permaneça imobilizado durante centenas de anos. Podem também investir na continuidade do processo, fomentando, nos mesmos espaços das colheitas anteriores, a implantação de novos cultivos, dando continuidade à absorção de CO^2, além de criar uma economia local permanente junto às unidades produtivas de base familiar. Essa parceria é muito diferente do que aquela que se propõe a comprar créditos de carbono de uma floresta nativa já existente. Ou seja, em vez de as empresas ou indústrias comprarem a intocabilidade da floresta pelo direito de continuarem poluindo, elas compram o que está sendo cultivado dando-lhes um destino nobre e longínquo. Quanto maior a longevidade dos artefatos, maior será o tempo de imobilização do carbono absorvido.

O cultivo de espécies nativas pode ser mais sustentável do que a compra de créditos de carbono, uma vez que a demanda mundial por madeiras, especialmente as mais nobres, continuará ativa e, portanto, seduzindo os exploradores de florestas na busca das espécies de grande valor econômico. A compra de créditos de carbono de florestas existentes em pequenas unidades produtivas de base familiar, em troca da intocabilidade da floresta, é questionável por vários motivos: o valor recebido pelos cuidadores é irrisório, além do mais, distancia os povos da floresta do seu tradicional modo de viver. Essa alteração vai estimular a venda das pequenas propriedades a médios e grandes comerciantes e/ou fazendeiros, retomando o processo de concentração de terras na mão de um número reduzido de empresários, ao modo como ocorreu no passado com o estabelecimento dos seringais nativos, que nada mais eram do que latifúndios florestais, sob a proteção de governos e órgãos de controle da época.

As características dureza e densidade da madeira de espécies nobres implicam diretamente na durabilidade do item a ser confeccionado e, consequentemente, no valor de mercado. As madeiras nobres são mais pesadas e apresentam alta resistência ao ataque de fungos e insetos. Essas características, associadas aos cuidados na utilização dos mobiliários produzidos, permite que o carbono fique imobilizado durante séculos nesses artefatos. Além do mais, o cultivo de espécies nobres permite a confecção de assessórios de luxo e instrumentos musicais de agradável aspecto estético, sendo por isso mais cobiçados no mercado interno e externo. Os produtores de base familiar podem receber auxílios financeiros de empresas comprometidas, seja para o cultivo, seja para o estabelecimento de movelarias regionais, por meio de convênios ou acordos de compra e de comercialização dos artefatos, para uma participação mais efetiva e compartilhada na preservação da Amazônia. Ou seja, para uma preservação mais efetiva do Bioma amazônico, é necessário que se estabeleçam participação "encadeia", trabalhos de conscientização e atitudes éticas nesses relacionamentos.

Os potenciais para iniciativas dessa natureza estão praticamente todos disponíveis na Amazônia, senão vejamos: as sementes estão disponíveis na floresta preservada, o clima é extremamente favorável e a intensidade de crescimento das espécies é superior às de clima temperado e frio. A captação das chuvas em corpos d'água, como já visualizados no futuro, vão acelerar o crescimento das espécies, principalmente durante os meses de abril e outubro, período que, por falta d'água, as espécies florestais cessam o crescimento. É importante que os artefatos sejam produzidos regionalmente. Sendo assim, os valores incorporados no processo de industrialização vão fortalecer a empregabilidade e as economias locais, ajudando a desestimular as práticas convencionais que demandam a substituição das florestas naturais. É importante, também, que os artefatos sejam produzidos preferencialmente por meio de encaixes e comercializados de modo desmontável, não demandando nenhuma outra fonte de recursos e de energia para sua constituição.

Antes de seguir adiante com assuntos relacionados à água, epicentro deste relato, preciso abordar sobre outras possibilidades relacionadas às mudanças climáticas regionais. Preciso envolver o leitor em outras frentes, relacionadas com o que já foi dito até aqui. A pergunta é: por que não chove com a mesma frequência no Sertão Nordestino, Brasil, região que recebe grande quantidade de calor, praticamente o ano todo, diferentemente do que ocorre em sua extensão litorânea onde chove com frequência? Se a água evaporada na região equatorial do Oceano Atlântico é capaz de viajar em direção à Amazônia, em toda sua extensão, por que não ocorre o mesmo com a evaporação do Oceano Atlântico em direção ao Sertão Nordestino? A resposta parece estar nas cadeias de montanhas que dificultam a passagem da água evaporada no Oceano Atlântico para transpor suas elevações e viajar no sentido Leste-Oeste em direção às áreas áridas do Sertão. As montanhas ou planaltos do nordeste brasileiro, Figura 8, que separam a região semiárida do litoral nordestino, obrigam as massas úmidas, evaporadas no Oceano Atlântico, a subirem para ultrapassá-las, e ao atingirem certa altitude sofrem o resfriamento e, por consequência, a condensação da água, que novamente retorna ao estado líquido, promovendo chuvas ali mesmo entre essas montanhas e o Oceano Atlântico. Sobra ao Sertão Nordestino pequenas nuvens praticamente descarregadas de umidade, oferecendo-lhes no máximo uma pequena névoa ou brisa

Figura 8. Concepção artística de um Planalto atuando como barreira natural à passagem de massas úmidas vindas do Oceano Atlântico em direção ao semiárido do nordeste brasileiro.

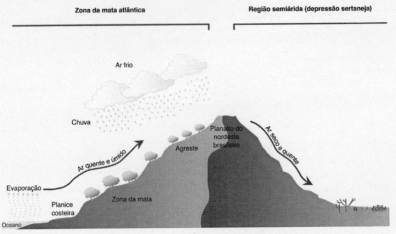

Fonte: ARAÚJO. M., 2023

NA NUVEM: A AMAZÔNIA VISTA NO FUTURO

No caso da evaporação do Oceano Atlântico em direção à Amazônia, que se desloca no sentido Leste-Oeste, chegando até a Cordilheira dos Andes, existem passagens livres entre as montanhas descontínuas, além de grande quantidade de vapor produzido. Ou seja, a água evaporada na região equatorial do Oceano Atlântico, além de ser mais intensa do que ocorre nas demais zonas tropicais, por receber mais calor, encontra caminhos livres, sem as elevações para se deslocar em direção ao interior da Amazônia, dando-lhe sustentação vital. Evidentemente que o leitor, que considera a ciência um caminho mais seguro, ou pelo menos o menos pior, deve estar se perguntando: então o problema da falta de chuvas no Sertão Nordestino se deve, em algum sentido, às montanhas que impedem o vapor d'água, gerado na Zona Tropical do Oceano Atlântico, chegar até ele? Não posso responder com um sonoro SIM, até porque a evaporação fora da faixa equatorial, como já foi dito, não tem a mesma intensidade. Mesmo assim, a umidade produzida é suficiente para aumentar o abastecimento de água no Sertão Nordestino, podendo criar novos ecossistemas, inclusive modificar o comportamento da atmosfera local.

Isso tudo parece estar muito distante das possibilidades humanas atuais, no entanto, um dia o homem resolveu abrir uma passagem entre o Oceano Atlântico e o Oceano Pacífico, escavando um grande canal – o Canal do Panamá. Essa obra permitiu reduzir enormemente os custos e o tempo no transporte de bens e mercadorias pelo mundo, ampliando enormemente os benefícios à humanidade. De modo semelhante, o Brasil, na tentativa de intervir nas

131

regiões mais secas do nordeste brasileiro, construiu longos canais para transportar água, por meio da transposição do Rio São Francisco, beneficiando, em múltiplos sentidos, milhares de famílias do semiárido brasileiro. Embora, de modo ainda pouco perceptível, o transporte de água em canais abertos, principalmente em regiões secas e de temperaturas elevadas, facilita a evaporação de boa parte da água transportada. Esse transporte vai abastecendo e modificando a atmosfera por onde passa, além de criar novos agroecossistemas que estão sendo utilizados para a produção de alimentos a partir do uso direto da água. À medida que aumentam as áreas irrigadas para a produção de alimentos, haverá um aumento tanto da evaporação da água nos canais abertos, quanto na transpiração das plantas cultivadas.

Deixo aqui uma pergunta para que um dia possa ser respondida por alguma geração mais comprometida do que a de hoje: poderíamos então abrir acessos pelas montanhas que separam o litoral do sertão ou semiárido nordestino? Sim, a possibilidade existe, mas seria um verdadeiro absurdo propor às gerações deste tempo abrir algumas fendas/corredores ou rebaixamentos das montanhas que permitissem a passagem livre dos ventos úmidos do Oceano Atlântico em direção às regiões semiáridas. Evitando assim que as massas úmidas, ao se elevarem para ultrapassá-las, tenham que descarregar suas águas como forma de pedágio. Se um dia isso se tornar tecnologicamente possível para alguma geração, ela contará com alguns fatores facilitadores que estarão envolvidos no processo de transporte dessa umidade. Ou seja, temperaturas elevadas nas superfícies áridas geram bolsões de baixa pressão atmosférica, que por sua vez funcionam como aspiradores dessas massas úmidas em sua direção.

No entanto, os desafios que demandam longos períodos para serem executados ou concluídos não representam metas prioritárias em nosso tempo, uma vez que a sociedade atual valoriza o imediatismo e a notoriedade pública. Algo que não possa ser realizado dentro do período de gestão e que não possa ser mostrado e divulgado, não faz parte da cultura atual, uma vez que a própria sociedade valoriza realizações populares, mesmo que não sejam prioritárias ou essenciais. Esse comportamento é o que garante a continuidade e a permanência dos que detêm poder. As sociedades antigas, por outro lado, não pareciam levar em consideração o custo e o tempo necessários à realização de suas obras. Bastava-lhes somente a necessidade e a possibilidade de realização. Um exemplo disso são as obras multisseculares, onde os que planejaram ou deram início a sua operacionalização não tiveram tempo de verificar a conclusão. Nos dias atuais, investimentos de longo prazo, capazes de gerar qualidade de vida a quem ainda nem está por aqui, não entram na lista do prioritário e não gozam de qualquer prestígio. Prestígio gestacional, em um novo tempo, será dar continuidade ao que foi planejado consensualmente, com foco no prioritário e de modo independente de qualquer disputa de poder.

Definidas as metas para o país ou para o planeta, as disputas continuarão ocorrendo entre as diferentes correntes, coligações e ideologias, mas não mais sobre o que deve ser feito, uma vez que já estará estabelecido. As propostas serão apresentadas e disputadas no campo do debate popular, acerca dos meios de realização que se mostrarem mais criativos, mais qualitativos e com menores custos na execução das metas pré-estabelecidas. Cada coligação apresentará em sua campanha o quanto será feito do que foi planejado para o país, e de que maneira, uma vez que o "o que fazer" já está determinado. Por meio de eleições livres e democráticas a sociedade escolhe os que ela julgar mais preparados para a execução das atividades contidas no plano, no período de quatro ou de cinco anos. Evidentemente que haverá necessidade de reservas para alguma emergência e planejamento até mesmo para o inesperado. Um dos fatores dificultadores para acelerar mudanças dessa natureza, no atual modo de proceder, está na predisposição humana à comodidade. Sendo assim, as mudanças vão ocorrer não necessariamente porque as pessoas mudam, mas principalmente porque elas envelhecem, se aposentam ou morrem, dando lugar a novas gerações. Estas, atuando em outros níveis de discernimento, de comprometimento e de imparcialidade vão fazer as mudanças que as gerações anteriores não foram capazes de realizar.

De todo modo, os primeiros sinais sobre a presença de água, vista no futuro, no sudoeste amazônico, principalmente onde hoje predominam áreas desmatadas para o cultivo de pastagens, exaustivamente relatado neste documento, já estão sendo visualizados por algumas consciências que, munidas de sensibilidades que transcendem as leis da natureza, já se mostram contemporâneas do presente, do passado e do futuro. Um exemplo disso está abordado nos filmes AVATAR 1 e AVATAR 2: "o caminho das águas", dirigido por James Cameron. Muitas vezes o cinema tem se apresentado como um instrumento de antecipação e de sinalização de caminhos que serão trilhados pela humanidade, assim como a possibilidade do surgimento de novos ecossistemas e biomas, devido às mudanças contínuas que ocorrem incessantemente tanto no universo quanto no planeta; tanto nas regiões oceânicas, quanto nas continentais, sejam elas percebidas por nós ou não. De todo modo, é necessário adotarmos, com prudência, uma convivência mais harmônica com a natureza, preservando e valorizando tudo o que nos cerca, mas sem perder de vista as transformações em movimento que transitam ainda fora do nosso alcance. Bem como a possibilidade de controle de alguns aspectos do clima que, sob o comando de gerações futuras mais esclarecidas, deixará de ser determinístico.

Outro enfoque transmitido em AVATAR - o caminho das águas, que se interconecta com a ideia que está sendo relatada nesta obra, diz respeito à tecnologia humana que no futuro será capaz de injetar uma inteligência ou uma consciência humana em um corpo biológico, localizado remotamente. Deixo aqui uma interrogação no que diz respeito à possibilidade de já estar acontecendo conosco, ou seja, de que já somos uma inteligência injetada ou introduzida em corpos biológicos, gerados neste planeta, e que sob o comando de nós mesmos estão sendo multiplicados para que outras consciências/inteligências possam nele atuar, aprender e, por fim, nos substituir. O futuro previsto em AVATAR já estaria no presente?

Contamos em nossos dias também com outras importantes consciências, a exemplo de J. J Benitez, escritor e jornalista espanhol, célebre pela série "Operação Cavalo de Troia", na qual descreve uma viagem a um tempo passado, utilizando como veículo uma "máquina do tempo", que nada mais é do que um instrumento criado estrategicamente para tornar mais aceitável a possibilidade e a compreensão dos leitores. No entanto, fica claro que toda aquela jornada foi realizada sem o uso de qualquer instrumento físico, a exemplo da "máquina do tempo", uma vez que isso deve ter ocorrido em estado alterado de consciência movido apenas pelo interesse, pela vontade e por autodeterminação. Ciente de tudo isso, J. J. Benitez sabe que ainda precisamos criar uma "máquina do tempo" ou um instrumento de transporte físico para tornar possível a aceitabilidade no que se refere a viagens pelo universo e/ou pelo tempo. Não precisamos carregar o corpo físico para viajar pelo universo, seja no presente, no passado ou no futuro. Ele é constituído de um sistema nervoso autônomo que lhe permite o controle da respiração, dos batimentos cardíacos, do controle da temperatura e outros, independentemente de nossa presença ou de nossa vontade. Isso sinaliza que podemos deixá-lo em *stand by* e sob o controle desses mecanismos autônomos, enquanto perscrutamos outras dimensões, acessando conhecimentos aceleradores da evolução humana.

    Contamos também, nos dias atuais, com instituições comprometidas com obras de longo prazo, a exemplo da NASA, que pretende criar uma atmosfera no planeta Marte, para habitá-lo. Percebe-se aqui que não há nenhum questionamento sobre os custos e o tempo necessários para que isso se concretize, apenas a possibilidade satisfaz. Isso lembra obras realizadas no passado, diferente do que pensamos hoje, a exemplo da muralha da China, cuja extensão ultrapassa a metade da circunferência da terra e levou mais de dois mil anos para ser concluída. Outro feito extraordinário, visando o futuro de humanidade, foi obtido em 2011 com a construção da Estação Espacial Internacional, que nos proporcionou verificar os processos ativos de interdependência entre biomas e entre ecossistemas, mesmo entre os mais diferentes, a exemplo das contribuições que a Floresta Amazônica recebe do deserto do Saara, fertilizando-a. Esse é um exemplo de visão de unidade que nos proporciona detectar o que não seria possível se estivéssemos em um ou em outro destes fragmentos: o processo de interdependência entre o Deserto do Saara e a Floresta Amazônica. Outro fator determinante de nossos dias, apontado para o futuro, é o acelerador de partículas que tem sido imprescindível na investigação científica, que nos permite entender melhor a origem do universo e da vida.

Gostaria de abrir mais um parêntese para registrar outra vivência no futuro, relacionada à Floresta Tropical e à água; realidade essa que apesar de ser inconcebível em nosso tempo, merece registro. Não lembro exatamente a data da experiência extrafísica, mas estão claros e acessíveis os registros mnemônicos em mim. Despertei em uma praia onde havia muitos banhistas tomando sol. Um deles me chamou para que observasse uma espécie de ilha flutuante que se aproximava de onde estávamos. O deslocamento da mesma parecia ser o mesmo de um barco em marcha lenta, comandado por algum mecanismo automatizado.

Deslocando-se próximo à praia, foi possível constatar que se tratava de uma área plana constituída de uma densa Floresta Tropical que me pareceu bem diversificada. Qual seria o sentido de uma floresta flutuando pelos mares? Que tempo seria esse? Na mesma oportunidade, vivenciei uma casa em alvenaria se deslocando por levitação e se assentando em um terreno desocupado, ao lado de outras residências. Perguntei ao banhista, o mesmo que me chamou a atenção pelo deslocamento da ilha flutuante, o que aquilo significava. Prontamente respondeu-me: *"aqui não se pode deixar um terreno desocupado, sem utilização, que residências trocam de lugar"*. Em nenhum instante perdi a lucidez e a certeza de que estava em outro tempo e que meu veículo de manifestação física não estava comigo, mas sim que repousava em meu quarto de dormir.

Ao retornar, lembrei-me das teorias que surgiram ao longo do tempo tentando explicar a forma como os blocos de pedra denominados megalíticos, que pesavam centenas de toneladas, teriam sido transportados, elevados e organizados em monumentos e construções milenares. Essas construções são típicas dos povos da pré-história, correspondente ao período Neolítico, que começou há cerca de 10 mil anos a.C. Uma das hipóteses é a de que os egípcios utilizavam rampas onde os blocos eram colocados numa espécie de trenó de madeira e puxados com cordas de origem vegetal. Na parte da frente, a areia era molhada de modo que as partículas se assentassem, facilitando o deslocamento. Outra hipótese é construção de Stonehenge, onde Merlin teria transportado as pedras fazendo-as levitar através do toque de flauta. Apesar de não termos certeza sobre esses mecanismos, a levitação através de sons não é estranha à ciência atual, já que muitas experiências de levitação acústica têm sido realizadas com muito sucesso. Para além da levitação acústica, a ciência tem desenvolvido experiências de levitação por meio do magnetismo em ferrovias de alta velocidade. Esse meio de transporte utiliza as propriedades da levitação magnética para flutuar alguns centímetros acima do chão sem tocar os trilhos e, por isso, são capazes de atingir velocidades de até 600 quilômetros por hora. Outra teoria tenta explicar que os grandes monumentos teriam sido construídos por gigantes, povo híbrido de homens e extraterrestres.

 Outra observação que merece um comentário neste relato, está no modo como faço os registros desta obra. Toda vez que tento reescrever ou melhorar o texto das experiências que foram vividas de modo lúcido, *in loco* de outras dimensões, escritas de modo espontâneo e que tento explicar os prováveis motivos da presença de corpos d'água vistos no futuro, meu cérebro físico rejeita o que registrei, numa tentativa de dizer-me que nada disso faz sentido. Precisei parar imediatamente de fazer qualquer revisão do texto. Não sei explicar o porquê, mas algo me diz, insight, para não fazer quaisquer alterações quando as lembranças das vivências chegam de modo espontâneo, em bloco, de uma só vez. Caso contrário, as mesmas ficam submetidas aos filtros do cérebro físico e este não acompanha as experiências vividas pela consciência em outras dimensões. Além do mais, a consciência humana não necessita do cérebro físico em suas incursões pelo universo, seja em um tempo futuro, seja em um tempo passado. O cérebro físico tem vida somente intrafísica e sua aceitação a registros mnemônicos de ocorrências fora da dimensão física, é inversamente proporcional aos níveis de condicionamentos adquiridos pelo indivíduo durante sua existência física atual, que se convertem em filtros, ou então por outros motivos que ainda desconheço. De todo modo, já é tempo de os meios acadêmicos admitirem como Ciência, também ao que não pode ser demonstrado ou replicado pelos parâmetros da dimensão física, uma vez que não são adequados para avaliar ocorrências de dimensões mais sutis.

Ao transcrever esses relatos tenho plena consciência de que eles serão enquadrados em alguma coisa, a exemplo de Ficção Científica, irrealidade, devaneios entre dezenas de outras. Também não será diferente para aqueles que simplesmente acreditam no que está sendo relatado, uma vez que os que recusam e os que acreditam podem pertencer ao mesmo grupo. Pertencem a outro grupo aqueles que dirão: não sei se tudo isso é verdade. "Não sei" é uma expressão que os diferencia. É a expressão da Ciência, que tem como princípio a dúvida. Portanto, para antecipar os acontecimentos relatados, que já estão a caminho, embora ainda subjetivos, é preciso que indivíduos deixem de negar e também de acreditar de imediato no que está sendo relatado. Ou seja, é preciso adotar uma atitude investigativa sobre a possibilidade de a ocorrência relatada ser verdadeira, por hipotética que ela possa parecer. É preciso, também, trocar o negar e o acreditar, pelo experimentar. Manter a porta aberta e a atenção focada, mesmo no que pareça improvável, é o bastante para não sermos surpreendidos e, por fim, para nos anteciparmos às possíveis mudanças que estão em curso neste planeta!

Para finalizar o relato, embasado nas constatações vistas no futuro, referente às mudanças que estão em curso no Bioma Amazônico, especialmente no Sudoeste Amazônico, interpretado com o auxílio metodológico de "engenharia reversa", nos revelaram alguns porquês acerca dos desdobramentos que se sucederam através do tempo, bem como a possibilidade, em tempo hábil, de nos anteciparmos aos fatos presenciados. Durante os desdobramentos das investigações e das deduções sobre os fatos observados, uma inquietação íntima me fez compreender que o "FAZER e DEIXAR", representa o fundamento que dirige nossa trajetória por este planeta, o estado de consciência global que nos capacita viver e existir. Sendo assim, as informações sobre quem relata estes acontecimentos são basicamente aquelas já comentadas nesta obra, acrescidas somente do nome na capa, nada mais. A biografia, os feitos e as realizações individuais do autor não foram o suficiente para a realização desta obra, uma vez que se entrelaçam à participação de muitas outras consciências anônimas espalhadas por este universo, e só seria justo se pudéssemos citá-las de modo compartilhado, coletivo, multidimensional e multiexistencialmente.

D.A.S